管理区域
（使用施設）
許可なくして
立入りを禁ず

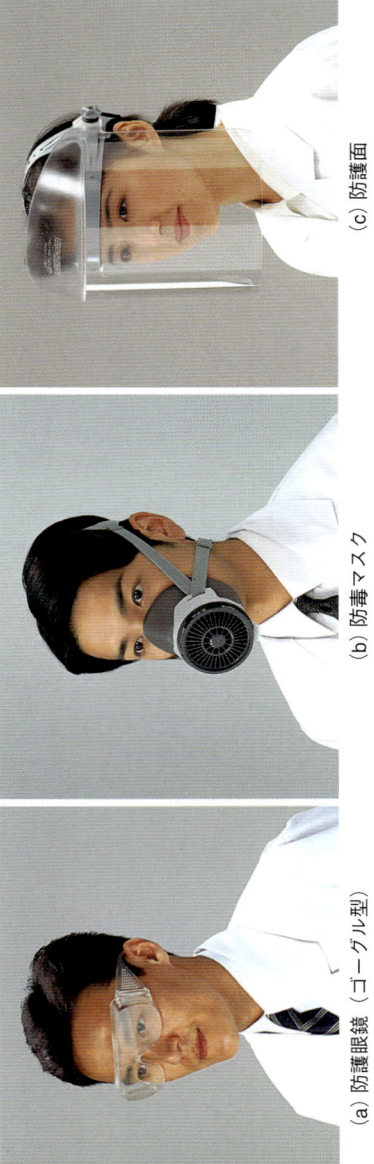

口絵 1　**管理区域を示す標識**（☛ p. 36）

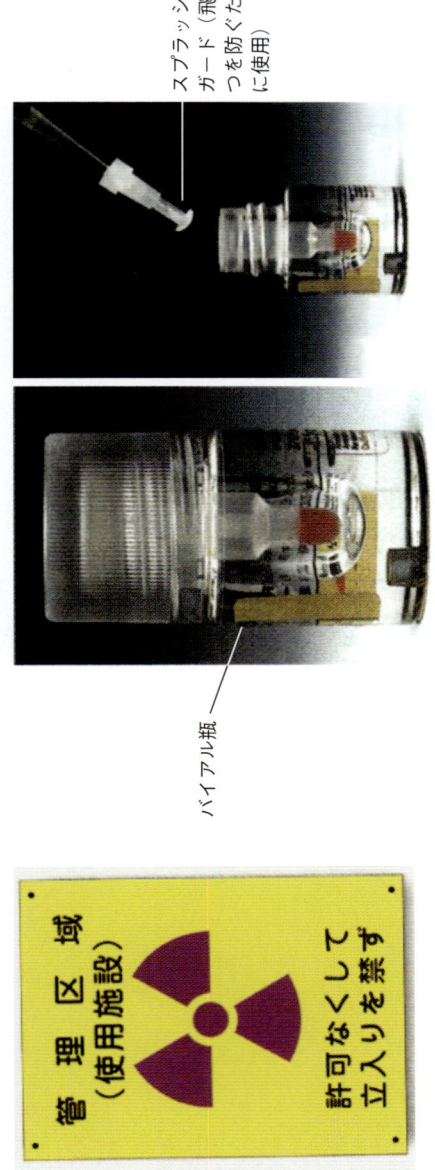

バイアル瓶
スプラッシュガード（飛まつを防ぐために使用）

口絵 2　**バイアル瓶に入った放射性同位元素溶液**（☛ p. 40）

(a) 防護眼鏡（ゴーグル型）　(b) 防毒マスク　(c) 防護面

口絵 3　**防護用具**（アズワン(株)提供）（☛ p. 109）

学生のための
化学実験安全ガイド

徂徠道夫・山本景祚・山成数明・齋藤一弥
山本 仁・高橋成人・鈴木孝義 著

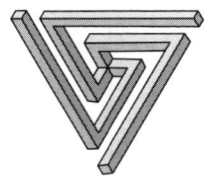

東京化学同人

序

　自然のしくみを明らかにするうえで，実験は欠かせない．特にさまざまな物質を扱う化学実験には危険がつきものであるが，安全に対する十分な準備と配慮で事故は防げる．化学実験の安全に関するガイドブックは数多く出版されているが，ともすれば初心者にはなじめない精神論や危険物に関する法規に重点が置かれがちである．カリキュラムの関係で実験の経験が少ない学生が急増している今日，このような現状を危惧した現役の化学系教官（大阪大学大学院理学研究科）が，長年の実務経験から編み出した安全ガイドが本書である．

　本書の大きな特徴は，実験を始めるにあたってチェックシートで危険を予知し，安全対策をとるようにしたことである．化学物質・実験装置・実験操作に潜む危険を理論的に理解し，さらに適正な廃棄物処理の方法を学び，環境問題への意識も高めるように工夫した．また，実験を行う学生個個人が気を付ける安全対策と，実験の場を提供する指導者が事前に行うべき安全管理を大別した構成になっている．大学生・大学院生はもちろんのこと，実験指導者および研究者にとっても必携の手引書となることを望んでいる．

　企画段階から細心の注意と助言をもって本書の製作にあたって下さった東京化学同人編集部の高林ふじ子さんに，心からの感謝の気持を表したい．

2003 年 2 月

著 者 一 同

執 筆 者

齋藤 一弥　筑波大学数理物質系 教授, 理学博士
　　　　　　　　　　　　　　　［3章, 4章, チェックシート］*

鈴木 孝義　岡山大学大学院自然科学研究科 教授, 博士（理学）
　　　　　　　　　　　　　　　［2章, 3章, 5章, 付録C］

徂徠 道夫　大阪大学名誉教授, 理学博士　［3章］

高橋 成人（なると）　元 大阪大学大学院理学研究科 講師, 理学博士
　　　　　　　　　　　　　　　［3～5章, 付録D］

山成 数明　大阪大学名誉教授, 理学博士　［3章］

山本 景祚（かげとし）　元 大阪大学大学院理学研究科 助教授, 理学博士
　　　　　　　　　　　　　　　［4章, 6～9章, 付録A, B］

山本 仁　大阪大学安全衛生管理部 教授, 理学博士
　　　　　　　　　　　　　　　［3～5章, 付録A, B］

（五十音順）

＊　［ ］内は執筆担当箇所. 1章は全員による執筆.

目　　次

1. は じ め に …………………………………………………………… 1
　1・1　本書の特徴 ……………………………………………………… 1
　1・2　安全対策とは …………………………………………………… 2

2. 実験を始める前に …………………………………………………… 6
　2・1　情報の検索 ……………………………………………………… 7
　2・2　実験計画の立案 ………………………………………………… 9
　2・3　実験室の整備 …………………………………………………… 10
　2・4　実験にふさわしい服装 ………………………………………… 11

3. 危険な化学物質 ……………………………………………………… 13
　3・1　毒物・劇物 ……………………………………………………… 13
　　3・1・1　有機化合物 ……………………………………………… 14
　　3・1・2　無機化合物 ……………………………………………… 17
　　3・1・3　酸およびアルカリ ……………………………………… 18
　3・2　危　険　物 ……………………………………………………… 20
　　3・2・1　自然発火性物質 ………………………………………… 20
　　3・2・2　禁水性物質 ……………………………………………… 22
　　3・2・3　爆発性物質 ……………………………………………… 23
　　3・2・4　爆発性混合物と混合危険 ……………………………… 26
　　3・2・5　酸化性物質 ……………………………………………… 27
　　3・2・6　可燃性固体 ……………………………………………… 28
　　3・2・7　引火性液体 ……………………………………………… 28

- 3・3 環境汚染物質 ……………………………………………………………… 32
  - 3・3・1 発がん性物質 …………………………………………………… 32
  - 3・3・2 水質汚濁物質 …………………………………………………… 33
  - 3・3・3 悪臭物質・オゾン層破壊物質 ………………………………… 34
- 3・4 放射性物質 ………………………………………………………………… 35
  - 3・4・1 密封 RI ……………………………………………………………… 37
  - 3・4・2 非密封 RI …………………………………………………………… 38
  - 3・4・3 RI を安全に取扱うために（事故と処置）………………………… 39
- 3・5 高圧ガス ………………………………………………………………… 42
  - 3・5・1 高圧ガス ………………………………………………………… 42
  - 3・5・2 液化ガス ………………………………………………………… 45
  - 3・5・3 特殊材料ガス …………………………………………………… 47
  - 3・5・4 気体の漏れによるガス中毒と爆発 …………………………… 49
- 3・6 寒　剤 …………………………………………………………………… 52
  - 3・6・1 寒剤の使用 ……………………………………………………… 52
  - 3・6・2 くみ出し・保存・移動 ………………………………………… 54

4. 実験装置と実験操作 …………………………………………………… 56
- 4・1 電気に関する災害と注意 ……………………………………………… 56
- 4・2 ガラス器具・ガラス細工 ……………………………………………… 59
  - 4・2・1 ガラス器具 ……………………………………………………… 59
  - 4・2・2 ガラス細工 ……………………………………………………… 61
- 4・3 真空機器と真空ライン ………………………………………………… 62
  - 4・3・1 真空機器による事故の防止 …………………………………… 62
  - 4・3・2 真空機器を壊さないために …………………………………… 63
- 4・4 脱水・乾燥 ……………………………………………………………… 64
  - 4・4・1 乾燥剤選択の基本原則 ………………………………………… 64
  - 4・4・2 液体の乾燥手順 ………………………………………………… 65
  - 4・4・3 固体の乾燥 ……………………………………………………… 66
  - 4・4・4 気体の乾燥 ……………………………………………………… 67
  - 4・4・5 器具類の乾燥 …………………………………………………… 67
- 4・5 加熱・還流・蒸留・濃縮 ……………………………………………… 67
  - 4・5・1 加　熱 …………………………………………………………… 67
  - 4・5・2 還　流 …………………………………………………………… 68
  - 4・5・3 蒸留・濃縮 ……………………………………………………… 69

4・6　沪過・遠心分離 ……………………………………………72
　　4・6・1　自然沪過 …………………………………………73
　　4・6・2　遠心分離 …………………………………………76
　4・7　冷蔵庫の利用 ………………………………………………76
　4・8　クロマトグラフィー ………………………………………77
　4・9　放射線発生装置 ……………………………………………78
　　4・9・1　高エネルギー加速器施設 ………………………78
　　4・9・2　X線発生装置 ……………………………………79
　4・10　レーザー光発生装置 ……………………………………79
　4・11　強磁場発生装置 …………………………………………81
　4・12　オートクレーブ …………………………………………82

5. 廃棄物処理 ………………………………………………………85
　5・1　固体廃棄物 …………………………………………………87
　　5・1・1　有機廃固体 ………………………………………87
　　5・1・2　無機廃固体 ………………………………………88
　5・2　有機廃液 ……………………………………………………88
　5・3　無機廃水溶液 ………………………………………………89
　　5・3・1　水銀系廃液 ………………………………………91
　　5・3・2　シアン系廃液 ……………………………………92
　　5・3・3　六価クロム系廃液 ………………………………93
　　5・3・4　重金属系廃液 ……………………………………93
　5・4　重金属系有機廃液 …………………………………………94
　5・5　放射性同位元素を含む廃棄物 ……………………………95

6. 緊急対処法 ………………………………………………………96
　6・1　消火器 ………………………………………………………96
　　6・1・1　消火器の使用 ……………………………………96
　　6・1・2　消火器の種類と性質 ……………………………97
　6・2　応急処置（ファースト・エイド）…………………………98
　　6・2・1　目に薬品が入った場合 …………………………99
　　6・2・2　火災によるやけど ………………………………99
　　6・2・3　ガラスによる傷で出血がある場合 ……………99
　　6・2・4　化学反応による爆発で飛び散ったガラスでけがをした場合 ………99
　　6・2・5　薬品中毒 …………………………………………100

 6・3 解毒・中和薬品および物質ごとの応急処置 …………………………… 101

7. 実験室の安全管理 …………………………………………………………… 104
 7・1 緊急事態対応策 …………………………………………………………… 104
 7・2 緊急連絡先 ………………………………………………………………… 104
 7・3 避難路の確保 ……………………………………………………………… 104

8. 防災設備と安全対策 ………………………………………………………… 106
 8・1 局所排気装置 ……………………………………………………………… 106
 8・2 洗眼装置・緊急用シャワー ……………………………………………… 107
 8・3 消火設備 …………………………………………………………………… 109
 8・4 防護用具と防災用具 ……………………………………………………… 109
 8・5 地震対策 …………………………………………………………………… 110

9. 薬品管理 ………………………………………………………………………… 116
 9・1 薬品管理体制 ……………………………………………………………… 116
 9・2 保　　管 …………………………………………………………………… 116
  9・2・1 薬品管理システム …………………………………………………… 117
  9・2・2 薬品庫, 冷蔵庫・冷凍庫 …………………………………………… 118
 9・3 移　　送 …………………………………………………………………… 118
 9・4 飛散・遺漏事故の防止と対応 …………………………………………… 119
  9・4・1 事故への対応 ………………………………………………………… 119
  9・4・2 溶媒排出防止対策 …………………………………………………… 119
  9・4・3 毒性物質, 悪臭物質の遺漏対策 …………………………………… 121

付録 A. おもな化合物の性質と法規制 ………………………………………… 123
付録 B. 発がん物質 ……………………………………………………………… 128
付録 C. 消防法に基づく危険物 ………………………………………………… 130
付録 D. 放射線量と障害 ………………………………………………………… 135

事 項 索 引 ………………………………………………………………………… 137
物質名索引 ………………………………………………………………………… 141

1. はじめに

1・1 本書の特徴

　化学は"物質を対象とした科学"なので，化学反応によって化学結合の組替えを行うことがしばしばある．したがって化学実験では，爆発的に反応が進行したり，有毒物質が発生したりする危険性がある．この危険を未然に防止するには，多岐にわたる化学物質についてその性質や反応性を前もって熟知しておく必要がある．また，化学の領域には，化学反応によって得られた化合物の構造と物性を評価する分野もあり，その目的のための化学実験ではX線，放射線，レーザー光を用いたり，電気で作動する実験装置を数多く使用することもある．このように，化学実験は広汎な領域を含み，そこには多種多様な危険が存在するため，安全ガイドに関する出版物も物理学実験や生物学実験と比べて多い．

　安全対策に関するガイドブックを手にしたとき，戸惑うのが"どこを読んでおけばよいのか？"ということである．本書を作成するにあたって，著者全員で長時間をかけいろいろと議論した結果，"チェックシート方式"を採用することにした．本書見返しのチェックシートを，実験ごとにコピーして使用していただきたい．実験を始めるにあたってまずチェックシートを用意し，これから始める実験がシートに記載されている質問事項に該当するかどうかを，全項目にわたってチェックするようになっている．チェックが入った項目には，本書のどの部分を読めばよいかが指示されているので，必ずそこに目を通していただきたい．

　実験を行うひとりひとりが安全に注意を払うのは当然のことだが，学生が自分で対処できない安全対策もある．それは学生を指導する立場にある人がなすべき安全管理である．これまでの安全書では，両者を混同した記述が多いように見受けられる．本書の3章と4章は主として学生を対象とし，化学物質・実験装置・実験操作に潜む危険を理論的に納得してもらい，さらに5章では適正な廃棄物処理の方法を学び環境問題への意識も高めるように工夫した．後半の6章から9章は，実験の場を提供する指導者が事前に行うべき安全管理についての記述である．

1・2 安全対策とは

　安全は与えられるものではなく，ひとりひとりが注意を払うべき問題である．そのためには安全に関する知識が必要である．安全に関する知識や準備なしに実験を行うと，当人のみならず他の人へも危害を及ぼすことになる．実験指導者には自らの実験に直接かかわった事故を防ぐ努力だけでなく，実験室全体の適正な管理が求められる．最近多くの大学でティーチング・アシスタント (TA) 制度が導入され，博士課程のみならず修士課程の学生も化学実験指導の補助員になっている．将来独立して研究を行い，また人を指導するための訓練にもなり良いことであるが，実験指導を受ける学生との関係では TA は管理する側になるので，それに伴う管理責任を十分に自覚することが重要である．

　化学実験ではさまざまな薬品を使用し，化学反応を行うことが多いので，つねに潜在的な危険性がある．しかし，重大事故は決して突発的に発生するのではなく，その前に何らかの前兆事故があることが多い．たとえば，器物破損，液体飛散，気体噴出，軽微な人身事故などである．このことは化学実験に限らず，一般の災害事故についていえることである．図 1・1 は災害事故の比率を示したものであるが，一番多いのが"傷害も損害もない事故"で，2 番目は"物損のみの事故"，つぎが"傷害を伴う事故"，最後が"重傷または廃疾に至る事故"である．

　環境を汚染することも事故であるとの立場から，環境保全についての基本姿勢にも言及したい．有害薬品も薄めれば害がないとする安易な対応が，環境保全に対する判断を誤らせた．化学実験を始めるまでは環境保全への対応は，せいぜいごみの分別収集に協力するとか，環境にやさしい製品を積極的に使用するくらいではなかろうか．化学実験とは環境にやさしくない化学物質をあえて使用することともいえ

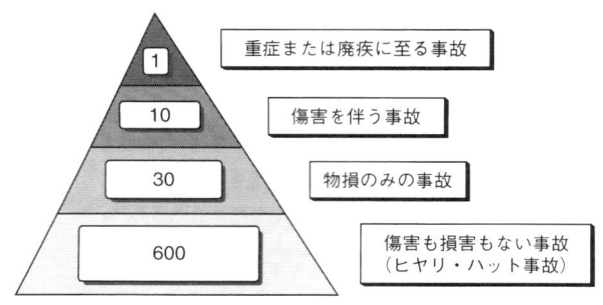

図 1・1　F. E. Bird Jr. による災害事故の比率

る，化学実験をすれば必ず廃棄物ときには有害物が出るし，処理を誤れば環境汚染をひき起こす．廃棄物処理の正しい知識を習得することが大切である．近年 "溶媒を使わない"，"廃棄物をださない" などの目標を掲げた "グリーンケミストリー" の取組みが行われている．安全対策や環境保全の立場から好ましいことであり，今後の展開に期待したい．

事故につながる "はっとした"，"ひやっとした" といった出来事を防ぐには，災害が起こる要因に則した対策が必要である．災害の基本要因はつぎの四つで，一般の事故災害がなぜ起こるかを統計学的に解析して得られたものである．

❶ 設備の欠陥などの物的要因
❷ 作業・方法論・環境などについての情報要因
❸ 間違いを起こす人的要因
❹ 管理上の要因

これらはどのような事故にも共通すると考えられていて，当然，化学実験の災害についても当てはまる．実際の事故はこれらの要因が重なって起こることが多い．安全対策とはこれらの要因を一つ一つ確実に取除くことにほかならない．以下にそれぞれについて簡単に解説し補足を加える．

❏ 物 的 要 因

作業環境の整備の第一は整理整頓である．常に実験室の清掃に気を配り，作業環境を良好に保つ心掛けが必要である．この作業環境には実験者自身の実験衣や履き物，身だしなみも含まれる．

設備や実験装置の欠陥は重大事故につながるので，定期的な点検が必要である．設備や装置が順調に作動していても，知らぬ間に老朽化が進み，危険な状況になることもある．適切な実験装置の使用や実験場所の選択が重要である．実験装置の使用記録を整備しておくことは，事故を未然に防ぐために有効である．

❏ 情 報 要 因

化学実験では安全対策も含めて蓄積された知識の活用が重要である．初心者にとっては化学実験の情報は乏しいし，誤った先入観が危険な状況をつくりだすこともある．たとえば日常生活では，ビールや水などをグラスいっぱいに入れるので，化学実験でも容器に液体をいっぱい入れてもいいと思っている人がいる．これは昇温や化学反応による液体の吹きこぼれなどで大変危険である．

1. はじめに

化学実験の危険性を理論や計算で予測するのは，考慮すべき因子が多すぎて多くの場合困難である．しかし過去の事故記録は危険を予測するのに役立つことが多い．不幸にして事故が発生したときは，原因を探るためあらゆる角度から状況を記録し，公開すべきである．事故調査の記録は真相解明に役立つばかりでなく，以後の事故防止の助けとなる．

❏ 人的要因

化学実験をする人の健康状態や精神的状態が事故災害につながることがある．体調が悪いと注意が散漫になったりする．たとえ体調に異常がなくても，食事をぬいたりするのは，注意力の観点からは好ましいことではない．規則正しい生活を送ることは，事故災害防止にとって大切である．体調をいつも整え食事も規則正しく取るといった自己管理ができる人は，一般に事故を起こす確率は低い．

自動車の運転と同じように，油断や早合点は禁物である．無事故が長く続くと安心感や気のゆるみで，安全対策をおろそかにするようになる．早く結果が欲しいと実験をあせるのも危険につながる．こういうときに限って事故は起こるものである．理由を理解せずに先輩や指導者の注意をうのみにするのも危険である．論理がわかると適正な行動ができるのは自明のことである．

❏ 管理上の要因

事故をなくすには科学的安全管理が不可欠である．学生が実験を行うにあたって，指導者や管理者が事前に十分な安全対策を施しておくことが重要である．たとえば薬品棚の転倒防止や部屋の排気設備などは，実験を行う学生が対処できる問題ではない．指導者は積極的に実験室の安全対策を考え，設備を管理する立場にある．可能な限り多くの事態を想定して防災設備を整えるべきである．

実験装置の使用記録や不幸にして事故が起きた場合の事故記録を適正に作成し，それを公開することも管理者の責任である．

安全管理については実験者の自覚的管理には限界があるので，監査の制度を設けることが必要である．正式な監査組織をつくらなくても，いくつかのグループに分けて，交代で定期的に監査を実施するのもよいであろう．そうすることで安全性が飛躍的に向上するばかりではなく，監査員を交替制にすることで構成員の安全意識も向上するものである．

先述したように，最近は多くの大学でTA制度が導入されている．実験指導を受ける学生との関係ではTAは管理する側に立っていることになるので，それに伴う責任を十分に自覚させることが重要である．

2. 実験を始める前に

　実験を基礎とする自然科学の研究は，その関連情報の検索，実験計画の立案から始まり，適切な後片付けを行ったのち，得られたデータを整理，考察し，その結果を公表することで一つのサイクルが完了する（図2・1）．実験はこの研究サイクルの最も重要な部分であるが，何の準備（ここでは心の準備も含む）も行わずに実験を始めることほど危険なことはない．しっかりとした予備知識を得たうえで，無理のない適切な実験計画をたて，試薬や必要な装置を準備し，実験スペースや自身の服装および装備を危険のないように整えて，さらに事故が起きた場合の対処法を熟知した上で実験を開始しなければならない．

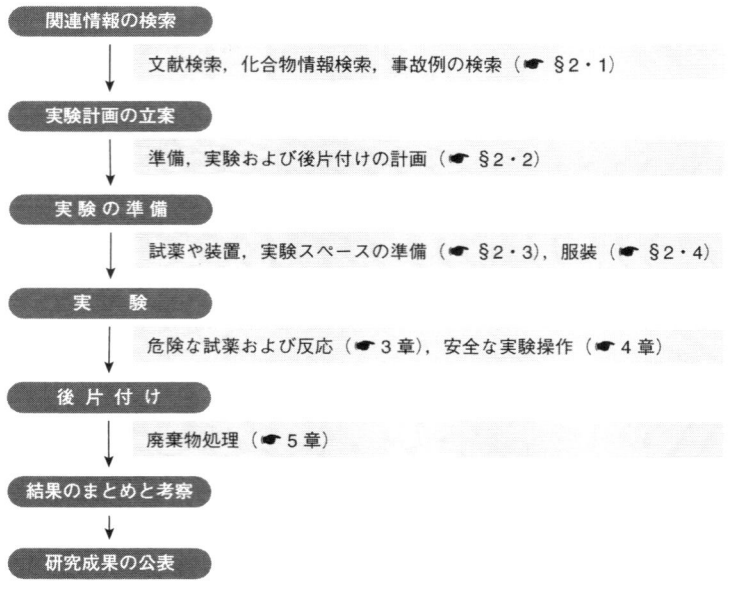

図 2・1　実験を中心とする科学研究の基本的な流れと注意事項

2・1 情報の検索

 化学実験にはつねにさまざまな危険が付きまとっていることを認識すべきである．よく計画された実験でも，わずかな不純物が触媒としてはたらくために，反応が予想外に急激に進行し爆発や火災が発生するかも知れない．また，実験中の不注意でこぼしてしまった薬品のために，実験者自身が負傷したり，実験室内外の環境を汚染し他人の健康に危害を与えるかもしれない．さらに，実験に用いた化合物や余剰試薬および廃薬品を適切な処理を行わず廃棄すると，地球環境を破壊したり生態系に甚大な悪影響を与える可能性もある．このような事故や環境汚染を起こしてしまったあとに，"危険性があるとは知らなかった"では済まされない．危険（事故，災害）を未然に防ぐためにも，実験を始める前に，これから行おうとする実験に関連するあらゆる情報を，予備知識として可能な限り調べておく必要がある．

❏ 情報の種類と入手方法

 過去の研究成果を知らずに研究はできないといっても過言ではない．先人の研究論文には，危険性に関する有用な情報が含まれている場合も多い．化学文献に関する情報はかなり昔からよく整理されており，また最近では電子化された情報がコンピューターネットワーク上に蓄積されつつある．これらの情報源を有効に活用し，これから行う実験に関連した情報をできる限り集めておく．

表 2・1 化学の情報源の種類

一次情報（原著）	雑誌論文，単行本，学位論文，学会発表，特許など
二次情報（抄録）	目次誌（Current Contents），抄録誌（Chemical Abstracts）など
三次情報（参考図書）	辞書，辞典，データ集，便覧，全書，ガイドブックなど

 化学文献の検索は，二次情報から始めるのが一般的かつ有効である．冊子体の Chemical Abstracts (CA) 活用法や，コンピューターおよびインターネットを用いた検索（CA on CD, STN, SciFinder など）についてはさまざま解説書（表 2・2 (p. 8) にいくつか列挙した）が発行されているので，それらを参考にしていただきたい．
 また，これから扱う**化合物に関する正しい知識**もぜひ得ておきたい．特に，化合物の爆発や発火に対する危険性，人体や環境への影響（毒性）や物性，化学反応性について調べておく必要がある．これらの情報は，辞典，データ集，化学便覧などの三次情報を調べることで得られるが，近年ではコンピューターネットワークで検索できる情報も多いので，これらの情報源を有効利用したい．化学物質の危険性，

2. 実験を始める前に

表 2・2 情報検索のための参考文献とホームページアドレス

化学文献検索法

- 神戸宣明, 時実象一, "インターネット時代の化学文献とデータベースの活用法", 化学同人 (2002).
- 千原秀明, 時実象一, "化学情報: 文献とデータへのアクセス (第 2 版)", 東京化学同人 (1998).
- 小川雅弥ほか, "化学文献の調べ方 (第 4 版)", 化学同人 (1995).

化学薬品情報 (書籍)

- L. Bretherick, P.G. Urben著, 田村昌三監訳, "危険物ハンドブック (第 5 版)", 丸善 (1998).
- "化学安全ガイド", 日本化学会編, 丸善 (1999).
- "化学物質安全性データブック (改訂増補版)", 化学物質安全情報研究会編, オーム社 (1999).
- "危険物データブック (第 2 版)", 東京連合防火協会編, 丸善 (1993).
- "取り扱い注意試薬ラボガイド", 東京化成工業(株)編, 講談社サイエンティフィク (1988).
- "実験のための溶媒ハンドブック", 池上四郎編, 丸善 (1990).
- "改訂 4 版 化学便覧 基礎編", 日本化学会編, 丸善 (1993).
- "環境化学物質要覧", 環境庁環境化学物質研究会, 丸善 (1988).
- "実験室廃棄物処理指針", 日本化学会訳編, 丸善 (1974).

毒物および劇物

- http://www.nihs.go.jp/law/dokugeki/dokugeki.html (国立医薬品食品衛生研究所)

危 険 物

- http://www.saigai.fdma.go.jp/ (消防庁)

PRTR[†1]法, MSDS[†2] 関連情報

- http://www.env.go.jp/chemi/prtr/risk0.html (環境省)
- http://www.meti.go.jp/policy/chemical_management/ (経済産業省)
- http://env.safetyeng.bsk.ynu.ac.jp/ecochemi/ (エコケミストリー研究会)

ICSC[†3] 情報

- http://www.nihs.go.jp/ICSC/ (国立医薬品食品衛生研究所)

事 故 例

- 田中陵二, 松本英之, "実験室の笑える? 笑えない!! 事故実例集", 講談社サイエンティフィク (2001).
- 宮田光男, "失敗は成功のもと: 化学的事故に遭遇して", 裳華房 (1988).
- 田村昌三, 若倉正英監修, "反応危険: 事故事例と解析", 施策研究センター (1995).
- "化学実験の事故と安全", 日本化学会訳編, 丸善 (1978).
- http://pubs.acs.org/cen/safety/index.html (ACS, C & E News, Safety letters)

[†1] Pollutant Release and Transfer Register (環境汚染物質排出移動登録)
[†2] Material Safety Data Sheet (化学物質等安全データシート)
[†3] International Chemical Safety Cards (国際化学物質安全性カード)

毒性に関するさまざまな情報や，化学物質に関連した法律，規制などの検索には便利である（表2・2につねに有効活用したいいくつかの書籍とともに，危険化学物質や化学物質に関係した法規を紹介するおもなホームページのアドレスも記載した）．

過去の事故例は，信じ難いものや笑い話となるようなものも多々あるが，単に笑い話として済ますのではなく，自身への教訓として利用しなければならない．実験を安全に行うという意味では，研究論文よりも参考にする価値がある場合も多い．本書にもあちこちに事故例を記載しているが，表2・2にあげる成書，ホームページには多数の事故例の報告がある．

2・2 実験計画の立案

実験計画の立案は研究遂行上の最初のステップであるとともに，研究の成否を決定する最も重要な段階であるともいえる．無理のない，そして安全に行える計画をたてることが，実験成功の鍵である．

実験計画を立案する際には，つぎのことに注意したい．

---

❶ 実験計画とは一連の実験操作のことだけではない．必要な装置，器具，試薬の準備や確認も怠らないこと．

❷ **時間的な余裕**をもって計画されているか？

　実験は必ずしも予定どおりに進行するとは限らない．時間的に窮屈な実験計画は，実験者に心理的圧迫を与え，思わぬ事故を招きかねない．また，実験が長時間になる場合には，深夜の単独実験にはならないように計画する．

❸ もしも**事故が起こった場合**を想定できているか？

　実験はすべてが想定どおりに進行するとは限らない．さまざまなことが起こる場合を想定し，予想される事故（爆発，発火，負傷，薬品中毒など）に対処するための装備，応急措置用品，解毒薬品など（☞6章）の有無も確認しておく．事故に対する心の準備もすべきである．万が一事故が起こった場合でも，心の準備と対処策の有無は，実験者の生死を分けるほどの差を生む．

❹ **後片付け**（廃棄物の処理）の計画も含まれているか？

　後片付けも重要な実験操作の一つであると認識すべきである．実験に際して生じる廃棄物（特に有害物質を含む廃棄物）の処理方法も計画しておかなければならない（☞5章）．すばらしい成果が得られた実験であっても，その後片付けの段階で環境を汚染しては価値をなくしてしまう．

2・3 実験室の整備

実験を行う上で必須である**電気，水道，ガス**などについてもその安全を確認しておく．"あるか？ ある"だけでは意味がない．また，実験室内の防災設備の動作についても，日常的にできる範囲で確認しておく．以下の項目は，特に重大な事故を招きやすいので，しっかりと確認しておくべきである．

- ● 電気に関して
  - ・電気の配線はタコ足になっていないか．
  - ・コンセントやタップの許容量を超えていないか（機器の使用電力の総量を調べる）．
  - ・漏電箇所はないか（☞ §4・1）．
- ● 給水，排水に関して
  - ・還流冷却管などに使用する冷却水配管の接続部分に漏れはないか．
  - ・排水管や排水口につまりはないか．
- ● ガスに関して
  - ・ガス管，ガスホースは老朽化していないか．
  - ・ガスホースはできるだけ短い（2 m 以内が目安）ものを使用し，ガスホース止めピンチコックを使用しているか．
  - ・使用しないガス栓にゴム栓がしてあるか．
- ● 高圧ボンベに関して
  - ・高圧ボンベには転倒防止策が施されているか．
  - ・高圧ボンベのレギュレーターは正しく接続されているか（☞ §3・5）．
  - ・高圧ボンベの残圧は十分か．
- ● 換気装置，局所排気装置（ドラフトチャンバー）に関して（☞ §8・1）
  - ・排気装置は正常に機能しているか（窒素ガスを大量に放出する測定実験や有害蒸気（揮発性有機溶媒を含む）の発生する実験では，排気装置の故障は致命的である）．

表 2・3 排出蒸気とスクラバー洗浄液または吸着剤

排出蒸気	スクラバー洗浄液または吸着剤
酸（塩酸，硝酸など），アンモニア	水（希釈）
ホスフィン，チオール，硫化水素	次亜塩素酸ナトリウム水溶液（酸化）
塩素，臭素	亜硫酸水素ナトリウム水溶液（還元）
ジクロロメタンなど揮発性有機溶媒	活性炭吸着剤（吸着）

- スクラバーや活性炭吸着装置付きのドラフトチャンバーには，正しい洗浄液や吸着剤（☞ 表 2・3）が用意されているか．
● **緊急時の警報装置，応急装置，退避路に関して**（☞ 8 章）
- 火災報知器，消火器は配備され，定期点検がなされているか．
- 緊急用シャワー，洗眼用水道栓は配備され，正常に機能しているか．
- 非常灯（停電時にスイッチが入るようになった充電式ランプ）や懐中電灯は備えられているか．
- 緊急時の退避路は少なくとも 2 箇所は確保され整理されているか（地震の発生により物品が倒壊，飛散し塞がってしまうような退避路ではいけない）（☞ §7・3）．
● **実験空間**（実験台上，機器やその周辺）**の整理整頓に関して**
- 二次災害や被害の拡大をできるだけ防ぐよう，不要な危険薬品を近くに置かない．

2・4　実験にふさわしい服装

つねに考えられる危険を予測して安全に対する配慮（心の準備）を心掛けるとともに，安全かつ迅速に実験を行うために，自身の服装，装備などに関しても常に安全に対する意識をもってほしい．実験室では安全を第一に考えるべきである．

保護眼鏡（☞ 口絵 3a）は必ず着用する．自身の実験中はもちろんであるが，隣人の実験の事故によって被害を受ける場合も想定し，実験室内では常時保護眼鏡を着用すべきである．コンタクトレンズは着用してはならない．有機溶媒の飛沫のためにコンタクトレンズが眼球からはずれなくなる可能性があり，またアルカリの飛沫が入った場合には，水洗するのに時間がかかり失明することさえある．爆発などの危険が予想され，保護眼鏡では対応できない場合には，顔の全面を防護できる**保護面**（☞ 口絵 3c）を使用する．

実験着は燃えにくい素材（木綿や耐燃性素材など）のものが好ましい．実験着は薬品等の付着に対して皮膚を守るものでもあるので，素肌の露出部分の多い衣服（半袖の上着，半ズボンや丈の短いスカート）は決して推奨できない．一方で，すそが長く広がった白衣やスカートも，器具や薬品瓶をひっかけて転倒させてしまう危険や，とっさのときの動きにくさを考えると好ましくない．また，化繊のストッキングも飛び火したり（一瞬にして燃え広がる），薬品の飛沫が付着した場合（薬品がすぐに浸透しストッキングが皮膚からはがれなくなる）に危険である．硫酸な

ど繊維を腐食する薬品を扱うときには，ゴムエプロンをするとよい．長い髪は無意識のうちに薬品などが付着することがあるので，ヘアーバンドなどでまとめておく．

　有機溶媒や腐食性，毒性のある薬品を扱う場合には**保護手袋**を必ず使用する．保護手袋には，ポリエチレン，薄手のゴム（手術用），厚手のゴム（家庭用），耐薬品性エステロンなど種類が豊富であるので，使用する薬品に応じて使い分ける．

　靴も滑りにくく転びにくいものを着用する．ヒールの高い履物や，素足にスリッパやサンダルは危険である．とっさのときに自由に動けるかを考えるとともに，薬品が足下にこぼれる場合を想定してほしい．重量物を，繰返し大量に扱う場合には安全靴（足の甲の部分に鉄の保護板がはめ込まれている）を着用する．いずれにしても，静電気の放電による火花の発生や粉末試料の飛散を防止するため静電気防止対策を施したものが望ましい．

3. 危険な化学物質

3・1 毒物・劇物

人体や動物の健康に害を及ぼす恐れのある化学物質の取扱いは，毒物および劇物取締法（以下取締法）により規制されている．取締法は，表3・1の判定基準に基づき，毒物と劇物を分類している．取締法では，有機シアン化合物とか無機亜鉛塩類などのグループ名で記載されているものもあり，すべての物質を物質名ごとに記載してあるわけではない．毒物のうちで，一般に広く使用され毒性がきわめて強く危害発生の恐れが高い農薬などは，特定毒物に指定されている．国立医薬品食品衛生研究所化学物質情報部のHP（http://www.nihs.go.jp/law/dokugeki/dokugeki.html）は毒物や劇物情報の検索に便利であり，特定毒物としては13，毒物は149，劇物は496の化学物質が記載されている．それらのうち，おもな化学物質は巻末付録に記載した（☛ 付録A おもな化合物の性質と法規制）．

表 3・1　毒物・劇物の判定基準 （毒物および劇物取締法による）

(1) 動物実験における知見			
① 急性毒性			
	経口 LD_{50}	経皮 LD_{50}	吸入 LD_{50}
毒　物	30 mg/kg 以下	100 mg/kg 以下	500 ppm (4hr) 以下
劇　物	30～300 mg/kg	100～1000 mg/kg	500～2500 (4hr) ppm
② 皮膚・粘膜に対する刺激性のほか，中毒症状の発現時間や程度，吸収・分布・代謝・蓄積性および生物学的半減期等を参考に判定する			
(2) ヒトにおける知見：ヒトの事故事例などを基礎として判定する			
(3) 上記 (1) または (2) の判定に際しては，物性（蒸気圧，溶解度など），解毒法の有無，通常の使用頻度，製品形態などを考慮して行う			

毒劇物の取扱いにあたっては，管理責任者を指名し，保管量，使用量を把握するための管理簿などに記録し，保管量を定期点検することが必要である．また，保管にあたっては，一般の薬品とは別に，金属製の堅ろうな鍵のかかる専用の保管庫な

どを用い，"医薬用外毒物"（赤地に白文字），"医薬用外劇物"（白地に赤文字）と明示する必要がある．

LD_{50} とは？

50％が死亡する致死量（lethal dose）を LD_{50} といい，mg/kg の単位で表す．この量は白ネズミやモルモットなどの実験動物に用いて，その半分が死亡する場合の量である．その物質が人体に対しても同様に致死的な作用を与えると仮定して，体重 w kg の人では $LD_{50} \times w$ が致死量になると考える．

3・1・1 有機化合物

基本的に，実験室で用いられる試薬類はすべて有害であるという認識をもち，実験室内や周囲に拡散しないように努めるべきである．しかし，大気中への蒸発やアクシデントなどによる拡散を 100％防止することはほとんど不可能に近い．通常実験には少量しか用いない場合が多いが，毒性が強いものもあるので，あらかじめ取扱う物質の毒性を調査すること．

有毒物質の作用は個々の物質によって異なるが，被毒経路や症状から分類すると表 3・2 のようになる．

表 3・2 有毒物質の作用

刺激性物質（気体・粉じん）	
侵入経路	目，鼻，のど，呼吸器の粘膜
症　状	催涙，充血，炎症，鼻汁，出血，せき，気管支炎，肺水腫，肺炎など
おもな物質	揮発性物質の大半，有機ハロゲン化物，酸，アルデヒド，過酸化物など
腐食性物質（液体・粉じん）	
侵入経路	皮　膚
症　状	水泡，潰瘍，ケロイドなど
おもな物質	強酸，強塩基，酸化剤，フェノール類，アミン類，金属塩など
毒物・劇物	
侵入経路	経口摂取・経皮吸収・吸入・粘膜吸収
症　状	中枢神経，心機能の障害による頭痛・嘔吐・まひ 血色素溶解・機能不全による呼吸障害，けいれん 消化管や呼吸器粘膜の組織破壊による灼熱感，嘔吐，吐血，血便

3・1 毒物・劇物

このような実験試薬類による事故を未然に防ぐために，実験室で試薬類を取扱う際には，以下のポイントに注意し，周囲への拡散を最小限にとどめる必要がある．

換　気

❶ 試薬類を取扱うときは，ドラフトなど局所換気装置があるところで取扱う．
❷ 実験台上に設置された簡易型局所換気装置は有効であるが，換気口のすぐ近くでないと効果はない．
❸ 一般的に試薬類の蒸気は空気より重いので，下方の換気が有効である．

防 護 器 具

試薬類が直接体に触れることがないように，各種の防護器具が市販されている．

❶ 目の保護のために保護眼鏡は必ず着用すること．
❷ 保護手袋は使用する薬品の性質に応じて各種のものが市販されている．自分が使う試薬の性質に応じた手袋を着用すること．その際，火災の可能性も考慮すること．
❸ 実験着は白衣が使用されることが多いが，白衣は火災に対しては無防備である．白衣に着火した場合煙突効果でまたたく間に燃えることもある．最近は難燃性の作業着が白衣と変わらない価格で市販され始めており，こちらの方が望ましい．
❹ 爆発の危険があるときや，試薬が飛散する恐れのあるときはゴーグル型保護眼鏡などで顔面を保護したり，アクリル板などの保護ついたてを用いる．
❺ 試薬蒸気に対しては，各種の防毒マスク（☞ 口絵3b）が市販されており，使用する薬品に応じて吸着剤をセットする．試薬がもれた場合，防毒マスクを着用している本人は気づかないケースもあり，周囲の人へ注意を喚起しておくことが必要である．

実験室内で比較的大量に用いられ，大気中への拡散が生じやすい有機溶媒の許容濃度について表3・3にまとめた．

有機溶媒以外の化合物に関するデータは"付録A おもな化合物の性質と法規制"を参考にすること．

表 3・3 有機溶媒の許容濃度[†1]

物質名[CAS No.]	化学式	許容濃度 ppm	許容濃度 mg/m³	経皮吸収	発がん分類[†2]	提案年度
アセトアルデヒド[75-07-0]	CH_3CHO	50	90		2B	'90
アセトン[67-64-1]	CH_3COCH_3	200	470			'72
イソプロピルアルコール[67-63-0]	$CH_3CH(OH)CH_3$	400	980			'87
エチルエーテル[60-29-7]	$(C_2H_5)_2O$	400	1200			'97
クロロホルム[67-66-3]	$CHCl_3$	3	14.7		2B	'91
酢酸[64-19-7]	CH_3COOH	10	25			'78
酢酸エチル[141-78-6]	$CH_3COOC_2H_5$	200	720			'95
1,4-ジオキサン[123-91-1]	$C_4H_8O_2$	10	36	○	2B	'84
シクロヘキサン[110-82-7]	C_6H_{12}	150	520			'70
N,N-ジメチルアセトアミド[127-19-5]	$(CH_3)_2NCOCH_3$	10	36	○		'90
N,N-ジメチルホルムアミド(DMF)[68-12-2]	$(CH_3)_2NCHO$	10	30	○	2B	'74
テトラヒドロフラン[109-99-9]	C_4H_8O	200	590			'78
トルエン[108-88-3]	$C_6H_5CH_3$	50	188	○		'94
二硫化炭素[75-15-0]	CS_2	10	31	○		'74
ヘキサン[110-54-3]	$CH_3(CH_2)_4CH_3$	40	140	○		'85
ベンゼン[71-43-2]	C_6H_6	1	32	○	1	'97
無水酢酸[108-24-7]	$(CH_3CO)_2O$	5	21			'90
メタノール[67-56-1]	CH_3OH	200	260			'63
メチルエチルケトン[78-93-3]	$CH_3COC_2H_5$	200	590			'64
硫酸ジメチル[77-81-1]	$(CH_3)_2SO_2$	0.1	0.52	○	2A	'80

[†1] 産業衛生学会,許容濃度等の勧告 (2011) より抜粋.
[†2] 付録 B 参照.

注意 許容濃度は,1日の作業時間 8 時間,週 40 時間程度で肉体的に激しくない作業中に有害物質にさらされるとき,当該有害物質の平均暴露濃度が表の数値以下であれば,ほとんどすべての作業者に健康上悪影響がみられないと判断される濃度である.本数値を適用するさいには p.17 の"許容濃度等の性格および使用上の注意"を熟読すること.

許容濃度等の性格および利用上の注意*

❶ 許容濃度等は，労働衛生についての十分な知識と経験をもった人々が利用すべきものである．

❷ 許容濃度等は，許容濃度等を設定するに当たって考慮された暴露時間，労働強度を超えている場合には適用できない．

❸ 許容濃度等は，産業における経験，人および動物についての実験的研究から得られた多様な知見に基礎をおいており，許容濃度等の設定に用いられた情報の量と質は必ずしも同等でない．

❹ 許容濃度等を決定する場合に考慮された生態影響の種類は物質等によって異なり，ある種のものでは明瞭な健康障害に，また他のものでは，不快，刺激，中枢神経抑制などの生体影響に根拠が求められている．したがって許容濃度等の数値は，単純に，毒性の強さの相対的比較の尺度として用いてはならない．

❺ 人の有害物質等への感受性は個人ごとに異なるので，許容濃度等以下の暴露であっても，不快，既存の健康異常の悪化，あるいは職業病の発生を防止できない場合がありうる．

❻ 許容濃度等は，安全と危険の明らかな境界を示したものと考えてはならない．したがって，労働者に何らかの健康異常がみられた場合に，許容濃度等を超えたことのみを理由として，その物質等による健康障害と判断してはならない．また逆に，許容濃度等を超えていないことのみを理由として，その物質等による健康障害ではないと判断してはならない．

❼ 許容濃度等の数値を，労働の場以外での環境要因の許容限界値として用いてはならない．

❽ 許容濃度等は，有害物質等および労働条件の健康影響に関する知識の増加，情報の蓄積，新しい物質の使用などに応じて改訂・追加されるべきである．

3・1・2 無機化合物

ヒ素（As），鉛（Pb），水銀（Hg）の化合物には，有毒物質が多い．これらの化合物は，入手が容易なので犯罪に多用されてきたし，ずさんな管理が原因で多くの致命的な中毒事件をひき起こしてきた歴史がある．また，リン［黄リン，PCl_5, PCl_3,

---

* 産業衛生学会，許容濃度等の勧告（2001）より抜粋．

リン化水素]、セレン（Se）を含む化合物、フッ素を含む化合物（フッ化水素酸、SF_4, モノフルオロ酢酸塩類）にも有毒物質が多い。このほか、典型的な毒物である青酸カリウムのようにシアン化物イオン（CN^-）を含む化合物も有毒物質である。アジ化ナトリウム（NaN_3）は、最近起こった傷害事件がきっかけに新たに毒物に指定された。

　劇物には、銅（Cu）やカドミウム（Cd）など重金属塩類が多く含まれる。これらの化合物は、システインやメチオニンなど含硫黄アミノ酸残基と強い化学結合をつくり、体内の酵素やタンパク質の構造に変化をもたらし、機能を阻害するので有毒である。アンチモン（Sb）、タリウム（Tl）、バリウム（Ba）、スズ（Sn）化合物も劇物となるものが多い。このほか、硝酸塩、亜硝酸塩、過酸化水素水、塩素、二硫化炭素含有製剤なども劇物指定となっている。このほかの無機化合物の毒物・劇物については、巻末付録Aを参照せよ。

3・1・3　酸およびアルカリ
A 酸

　市販されている代表的な酸（劇物）の性質を、表3・4に示した。酸は、鉱酸（無機酸）と有機酸がある。鉱酸は不燃性であるが、有機酸は燃える。酸類の強さは、濃度のほかに解離の程度に大きく依存している。表3・4で硝酸より上の酸は、強酸である。酸類の保存にあたっては、容器を固定し互いに隔離して貯蔵する必要がある。注意すべき酸の特徴を以下に示す。

> ❶ 大部分の酸の特徴として、強い腐食性がある。したがって、酸類が皮膚などに付着した場合、すみやかに多量の流水で十分洗浄することが必要である。
> ❷ 硝酸は、木材やセルロース製品と混じると自然発火の原因となる。また、皮膚に付着するとタンパク質を酸化して黄変するので、特に注意を要する。
> ❸ 硫酸は、水と混ざるときわめて激しく発熱する。希釈のさいは、必ず水に硫酸をそそいで薄めなければならない。また、脱水炭化作用が強いので、衣類や本に付着すると黒く焦げて穴があく。
> ❹ フッ化水素酸は、皮膚を腐食し内部に浸透して壊死させる。皮膚に付着した場合、多量の水でよく洗い、冷やした飽和硫酸マグネシウム溶液または70％アルコール溶液に30分以上浸漬する。

表 3・4　市販のおもな酸の性質

	密度 /g cm^{-3}	%濃度, (mol dm^{-3})	性　質
過塩素酸　(HClO$_4$)	1.67	70 %, (約 11.5)	著しい腐食性. 有機物と強熱すると爆発する
硫酸　(H$_2$SO$_4$)	1.84	96 %, (約 18)	吸湿性, 脱水炭化作用. 水と混じると激しく発熱
塩酸　(HCl)	1.19	37 %, (約 12)	発煙性, 刺激臭
硝酸　(HNO$_3$)	1.38	65 %, (約 14.5)	やや発煙性, 刺激臭. 皮膚を著しく侵す
フッ化水素酸　(HF)	1.15	47 %, (約 28)	刺激臭. ガラスを侵す. 皮膚, 爪などに浸透する

B　アルカリ

代表的なアルカリを表3・5に載せた. いずれも劇物である. これらの強塩基性物質は腐食性であり, 皮膚に付着するとやけどを起こしたり重大な傷となる. 特に粘膜に障害を起こすので, これを使用する実験中は目を守るため必ずゴーグル型保護眼鏡を着用する必要がある. また, 水に溶けると多量の熱を発生する. いずれも潮解性があり, 空気中の炭酸ガスと反応するので, 栓は固く閉めておく必要がある.

表 3・5　市販のおもな塩基の性質

	密度 /g cm^{-3}	%濃度, (mol dm^{-3})	性　質
アンモニア水　(NH$_4$OH)	0.90	28%, (約14.5)	強い刺激臭. 皮膚, 粘膜を侵す
	比重	水への溶解度(wt %)	性　質
水酸化ナトリウム　(NaOH)	2.13	45.5 (25 ℃)	腐食性と潮解性
水酸化カリウム　(KOH)	2.04	54.2 (25 ℃)	強い腐食性と潮解性を示す

事故例 3・1　高い温度のホットプレート上に誤って水銀を落とし, 気化した水銀蒸気を吸入して急性中毒となった.

事故例 3・2　シアン化カリウムを取扱っていて, 指についているのを知らずに湯飲みをもってお茶を飲んだところ, 気分が悪くなって病院に運ばれた.

事故例 3・3　塩素ボンベが空になったと思ってバルブをはずしたところ, 多量のガスが噴出して中毒を起こした.

3・2 危 険 物

ここでいう危険物とは，爆発・発火の危険性をもった化合物であり，その保管は消防法（気体物質は高圧ガス保安法）の規制を受ける．危険物はその形状および危険性の由来から表3・6のように分類できる（この分類は消防法での危険物の分類（☞ 付録C消防法に基づく危険物）とは異なっている）．消防法では，個々の物質群について危険度を数値（1, 2, 3）で表しているが，その数は小さいほど危険度が高い．

表 3・6 危険物の分類とそれぞれの危険性

自然発火性物質	空気との接触により発熱，発火する	(☞ §3・2・1)
禁水性物質	水との接触により発熱，発火する	(☞ §3・2・2)
爆発性物質	加熱，衝撃，摩擦などにより発火，爆発を起こす	(☞ §3・2・3)
酸化性物質	可燃性物質との混合により燃焼，爆発性を示す	(☞ §3・2・5)
可燃性固体	引火性や可燃性をもつ固形物質	(☞ §3・2・6)
引火性液体	引火性や可燃性をもつ有機溶剤	(☞ §3・2・7)
可燃性ガス	空気との混合気が燃焼，爆発性をもつ	(☞ §3・5・3, §3・5・4)

● 危険物を扱う際に

まず重要なことは，これから扱う物質にはどのような危険性があるかを調べておくことである（☞ 表2・2および付録C）．個々の化合物の性質を十分に理解した上で，潜在する爆発，発火などの危険をできるだけ回避できる実験計画を立てる．また，万一の場合にも，二次災害や被害の拡大を未然に防ぐような配慮をしておく．

大部分の危険物は，爆発，発火の危険性とともに，有毒性，腐食性，刺激性などをもつことが多い．これらの化合物を扱うさいには，やけどに対する注意とともに，個々の化合物がもつ有害危険性に応じた保護具を用いる．実験室内では常時保護眼鏡を着用すべきであるが，そのほかにも必要に応じて，保護手袋，防じんマスク，防毒マスク，保護面，安全ついたて，耐熱衣を併用する．

3・2・1 自然発火性物質

空気に触れると自然発火する物質（☞ 表3・7）は，アルキルアルミニウムなどのように水とも激しく反応して発火するものと，黄リンのように水に対しては安定なものに大別できる．いずれの場合も，発火事故の際には甚大な被害が予想されるので，その保管，使用，廃棄に際しては個々の化合物の性質を熟知し，細心の注意を払って扱う必要がある．

表 3・7　おもな自然発火性物質

	アルキルアルミニウム，アルキルリチウム，その他の有機金属化合物
性　質	空気に触れると自然発火する．また，水と激しく反応して発火し，爆発して飛散することもある．ヘキサン溶液として市販されているものが多い（無溶媒のものは反応性が高く非常に危険である．またヘキサン溶液はいったん発火するとヘキサンが燃える）
使用上の注意	不活性ガス雰囲気下で，シリンジなどを用いて取扱うが，反応装置やシリンジの破損，系外への漏れには特に注意する．発火に備えて可燃物をできるだけ遠ざけ，近くに粉末消火器を用意しておく．使用する際には，必ず保護眼鏡をすること．ゴム手袋をしていると，漏れた試薬が付着した場合に，ゴムが燃えだしかえって危険であるので，素手の方が安全である（燃えにくい素材の綿製手袋もよい）．皮膚に付着した場合は直ちに多量の流水で洗い流し，やけどの処方をする
保　管	空気に触れないように密栓し，破損などに備えて外筒に入れ，可燃物から離して冷所で保存する
廃　棄	**トリメチルアルミニウム**：通風のよい屋外か，火気のない排気のできる場所で，乾燥した砂の上に少しずつ注射器などで滴下して分解する **n-ブチルリチウム**：ヘキサン溶液を倍量のトルエンで希釈したのち，これに氷冷下で2倍量の酢酸エチルを滴下する．ついで水で分解，希硫酸で中和し，分液後の有機層は焼却処分する．水層は排出してよい

	トリクロロシランおよびその他の塩素化ケイ素化合物
性　質	空気中で激しく発煙する（湿気により加水分解され，塩化水素を発生する）．また，蒸気は空気と爆発性混合ガスをつくる．酸化性物質と接触すると爆発的な反応を起こす
使用上の注意	保護眼鏡，保護手袋を使用し，ドラフト内で取扱う
保　管	窒素充填した気密容器に入れ，酸化性物質から離し，乾燥した冷所で保存する
廃　棄	ドラフト内で，冷却したメタノール中に滴下漏斗を用いて注意深く滴下し，分解する

	黄　リ　ン
性　質	空気中で徐々に酸化され自然発火する．また，硫黄，ハロゲンと激しく反応する．黄リンは猛毒でもある（毒物に指定されている）ので，保管，取扱いには毒物としての対応も必要である（☞§3・1・2）．皮膚に触れるとやけどを起こし，目に入ると激しい障害を起こす．また，急性中毒，慢性中毒ともに起こす
使用上の注意	必ず保護眼鏡，保護手袋をし，ピンセットを用いて水中で空気を遮断して取扱う
保　管	水中に沈め，冷所で保存する（毒物としての保管管理も必要である（☞§3・1・2））

	ラネーニッケル
性質および使用上の注意	還元触媒として使用する金属ニッケルは活性の高い微粒子であり，通常は水中で取扱う．湿っている間は安定だが，乾燥すると発火する（反応の後処理で沪過をし，沪紙上で乾燥したときによく発火事故が起こっている）
保管・廃棄	水中（またはアルコール中）に沈めて保管する．使用後は再び水中に保存するか，酸分解してニッケル廃液として処理する（☞§5・3）

3・2・2 禁水性物質

アルカリ金属や金属水素化物などは，水と接触すると発熱とともに可燃性ガス（水素）を発生するため発火する．これらの化合物（☞ 表3・8）は，ジエチルエーテルなどの特殊引火物（☞ §3・2・7），有機過酸化物や硝酸エステル類などの爆発性物質（☞ §3・2・3）とともに最も危険度が高く，また化学実験室における発火事故の代表的な原因物質である．禁水性物質と水との接触により発火した火が，周囲の可燃物（有機溶媒など）に引火し，大きな火災に発展する場合が多い．したがって，禁水性物質を扱う際には，作業場所周辺の乾燥状態とともに，周囲の可燃物の有無にも注意すべきである．水反応性物質には，酸化カルシウムのように，水との反応で発熱するが（周囲に可燃性物質がない限り）発火しないものもある（これらは危険物として分類されていない）．

表 3・8 おもな禁水性物質

	カリウム，ナトリウム
性　質	水と激しく反応して発火し，時には爆発する．特に，**カリウム**は空気中の湿気と反応し自然発火することもある．燃焼自体は爆発的ではないが，水との反応では爆発を伴って飛散することがあるし，周りにある可燃性物質（有機溶媒など）に引火して火災に発展することが多い
使用上の注意	周囲の水分，可燃性物質の整理に十分な注意を払う．水との反応では，強アルカリである水酸化物を生成する．したがって，皮膚や，特に目への付着には十分注意する必要があり，必ず保護眼鏡，保護手袋を着用する．表面についた酸化物をナイフで取除いて使用する．**カリウム**の場合には，ナイフとの摩擦熱で発火することもあるので，石油やトルエン中または不活性ガス雰囲気下で，プラスチックかセラミック製のナイフを用いる．取除いた削りくずは，石油中に保存しておくか，直ちに後述するような方法で，安全かつ適切に処理する **もし発火してしまったら**：まず，乾燥砂で覆う．水を使用してはいけない．大量のナトリウム，カリウムの消火は困難である．水および可燃物を遠ざけ，完全に燃焼させてしまうのが最も安全である
保　管	ガラス容器中の灯油に沈めて密閉する．容器破損に備えて金属製の保護筒の中に入れておく．他の薬品と離し，水気のないところで保管する．ナトリウム，カリウムは劇物でもある．したがってその保管には劇物としての対応も必要である（☞ §3・1）
廃　棄	アルカリ金属の発火事故は，実験の後片付けをしている場合に多い．特に削りくずなどを処理しようとして流しを火の海にすることが多い．後処理までが実験だという心構えをもつべきである **ナトリウムの処理**：切りくずなど少量のナトリウムを処理する場合は，よく冷却したメタノールに，少量ずつ注意深く加えて溶解する **カリウムの処理**：トルエンに分散させたのち，窒素雰囲気下で最初にt-ブチルアルコール，ついでエタノールを滴下して分解し，中和処理したのち焼却する

表 3・8（つづき）

リチウム	
性　質	水と激しく反応し水素を発生して燃えるが，ナトリウム，カリウムに比べれば反応性は高くない
使用上の注意	乾燥空気中もしくは不活性ガス雰囲気下で，保護眼鏡，保護手袋をして扱う．非常に硬く，ナイフでは簡単には切れない．また，高温では窒素と反応し窒化物を生成するので，ディスパージョン（油分散体）の製造はアルゴン雰囲気下で行う
廃　棄	メタノールに少量ずつ加えて分解する

金属水素化物（水素化ナトリウム，水素化カルシウム，水素化アルミニウムリチウム）	
性　質	水やアルコール類と激しく反応して水素を発生する．また空気中の水分によっても分解発熱し，水素を発生する
使用上の注意	**水素化ナトリウム**：通常，ディスパージョンとして市販されている（空気や湿気との接触を防いでいる）．これを用いるときは，ヘキサンなどで洗浄し，デカンテーションして媒体を除いたのち，窒素気流下で乾燥する **水素化アルミニウムリチウム**：溶媒中（エーテル，テトラヒドロフランなど）に加える場合には，必ず溶媒に少しずつ加える．逆に加えると発熱して発火することがある
保　管	窒素充填した気密容器に入れ，ポリ袋などで密封し，湿気のないところで保管する
廃　棄	**水素化ナトリウム**：窒素気流下でトルエンに懸濁し，水を滴下して分解する．分液後，水層は中和して廃棄し，有機層は焼却する **水素化カルシウム**：火気のない換気のよいところで，細かく砕いた大量の氷に少しずつばらまき分解する **水素化アルミニウムリチウム**：エーテルまたはテトラヒドロフランに溶解し，氷冷したのち，酢酸エチルを滴下して分解する．ついで希塩酸を加えてかくはんしたのち分液する

金属リン化物（リン化カルシウム，リン化亜鉛，リン化カリウム，リン化アルミニウムなど）	
性　質	水と激しく反応してホスフィン（PH_3）を発生し，局所的に多量に発生すると発熱の度合いに応じて発火・爆発する恐れがある

金属炭化物（炭化カルシウム，炭化アルミニウムなど）	
性　質	水と激しく反応してアセチレン（C_2H_2）またはメタン（CH_4）を発生し，多量発生の場合，発火，時には爆発する

3・2・3　爆発性物質

　爆発性物質（☞ 表3・9）は，加熱，衝撃，摩擦，光などのエネルギーが外部から与えられると自己反応を起こし，発熱してさらに爆発的に反応が進み，大きなエネルギーを放出する．発火・爆発の起こりやすさ（感度）と発火・爆発が起こった場合の危険性の大きさ（威力）の二つの尺度がある．爆発性物質の性質を調べる場合には，これら二つの尺度に注意する必要がある．爆発性物質は，火気発生源より

遠ざけ，通風のよい冷暗所で保管する．移動や使用に際しては，衝撃，摩擦をさけるようにする．

危険をできるだけ小さくするには，爆発の可能性のある物質はできるだけ少量で取扱うようにする．

表 3・9　爆発しやすいおもな化合物のもつ化学結合とその爆発の威力および感度

化学結合		化合物名	威力・感度†	化学結合		化合物名	威力・感度†
N-O	$-O-NO_2$	硝酸エステル	Aa	O-O	$-OO-$	有機過酸化物	Ca
	$-NO_2$	ニトロ化合物	Ab		$-OO-H$	ヒドロペルオキシド	Ba
	$>N-NO_2$	ニトラミン	Ab		O_3	オゾニド	Ba
	$-NO$	ニトロソ化合物	Cb	X-O	$N-HClO_4$	アミン過塩素酸塩	Ba
	$-ONC$	雷酸塩	Ba		$C-OClO_3$	過塩素酸エステル	Ba
N-N	$-N\equiv N^+$	ジアゾニウム塩	Ca		$N-HClO_3$	アミン塩素酸塩	Bb
	$-N_3$	アジ化物	Ba		$C-OClO_2$	塩素酸エステル	Bb
	$-N-N-$	ヒドラジン誘導体	C-C	$-C\equiv C-$		アセチレン誘導体	
M-N	$M-N_3$	金属アジド	Ca		$M-C\equiv C-M$	重金属アセチリド	
	$M-NH$	金属イミド	Ca			エチレンオキシド	
	$M-NH_2$	金属アミド	Ca	M-O	$Mn^{VII}-O, Cr^{VI}-O$		

†　威力：A(大)，B(中)，C(小)　　感度：a(大)，b(中)，c(小)

● **爆発性物質はつぎのように類別すると，その危険性を理解しやすい**

① 不安定な結合をもつもの（有機過酸化物，ヒドラジン誘導体，アゾ化合物など；☛ p.25, "Bond weakening effect by electron-pair electron-pair repulsion"）

② 高ひずみ構造をもつもの，重合反応で用いられるモノマー（酸化エチレン，アセチレンなど；☛ 表3・11）

③ 酸化性部位と可燃性部位をともに有する有機化合物および金属錯体（硝酸エステル，有機物過塩素酸塩，金属アミドなど．☛ p.26, "有機物や金属錯体，有機金属化合物の過塩素酸塩，硝酸塩はなぜ爆発するか？"）

実験室における**爆発性物質が関与した事故**は，それらが合成目的物以外に副生したり，試薬中に不純物として含まれている場合に多い．計画した実験と爆発性物質が生成する条件をよく比較し，その副生がいくらかでも予想できる場合には，その危険性に配慮した上で実験を行うこと．たとえば，エーテル類は，その分解により爆発危険性のきわめて高い有機過酸化物を不純物として含んでいる場合が多いので，水酸化カリウムなどで前処理して蒸留する．蒸留時に決して乾固してはならない（☛ §4・5）．

3・2 危　険　物

Bond weakening effect by electron-pair electron-pair repulsion
(Lone-pair bond-weakening effect)

　表3・10に示した典型元素間の単結合（共有結合）解離エネルギーを比較すると，一般に周期表の左および下にいくほど，結合が弱くなっている（解離エネルギーが小さくなっている）ことがわかる．しかし，N–N，O–O，F–Fでは，この傾向から予想されるよりも結合エネルギーがずっと低くなる．この原因は，第2周期の原子の結合距離が特に短い上に，右図に示すようなおのおのの原子上の孤立電子対間の立体的な反発が，その結合を予想されるよりも弱くしているためと考えられる．このため，これらの単結合（N–Oについても同様）は開裂しやすく，わずかなエネルギーが加えられただけでも，その開裂エネルギーが引き金となってさらに分解反応が連鎖（爆発）的に進む．有機過酸化物や，ヒドラジン誘導体が爆発性をもつのは，このためである．

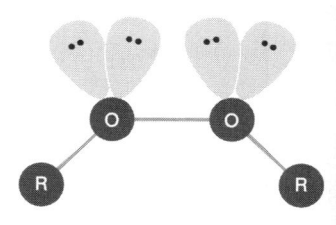

図 3・1　RO-OR 分子内の非共有電子対間の立体反発

表 3・10　典型元素間単結合の解離エネルギー† 〔kJ mol^{-1}〕

H–H	432												
Li–Li	105	B–B	293	C–C	346	N–N	167	O–O	142	F–F	155
Na–Na	72	Al–Al	—	Si–Si	222	P–P	201	S–S	226	Cl–Cl	240
K–K	49	Ga–Ga	113	Ge–Ge	188	As–As	146	Se–Se	172	Br–Br	190
Rb–Rb	45	In–In	100	Sn–Sn	146	Sb–Sb	121	Te–Te	126	I–I	149

† G. Wulfsberg, "Inorganic Chemistry", University Science Books, Sausalito, CA (2000) による．

表 3・11　アセチレン，酸化エチレンの性質と使用上の注意

	アセチレン
性 質	可燃性があり，爆発限界が広く，引火，爆発の危険性が大きい．銀，銅，水銀とは爆発性の金属アセチリドを生成する．また，塩素，臭素とも爆発的に反応する
使用上の注意	市販品はアセトンに溶解させてボンベに入っているので，ボンベは必ず立てて使用する
保 管	シリンダーキャビネット内に保管すること
	酸化エチレン
性 質	無色液体（液化ガス；bp 10.7 ℃）で，爆発限界は 3.6〜100 %．またきわめて引火しやすく（引火点＜－18 ℃），爆発しやすい（静電火花でも爆発する）
使用上の注意	ボンベは爆発防止のため不活性ガスが封入されているので，ボンベを横置きとし，サイホン管を下向きにして液体として取出す．反応装置内も不活性ガス置換しておくこと

有機物や金属錯体，有機金属化合物の過塩素酸塩，硝酸塩はなぜ爆発するか？

過塩素酸イオンや硝酸イオンは高い酸化力をもつ．一方，多くの有機物は酸化されやすい（可燃性がある）ので，両者が分子内に共存した上記の化合物はわずかな外部エネルギー（摩擦や衝撃）が加えられただけでも酸化還元反応を起こし発熱する．この熱が物質内部で蓄積し，ついには爆発に至る．わずかな衝撃でも爆発する危険性がきわめて高い物質群である．金属錯体の過塩素酸塩の爆発事故例は（規模の大小を問わず）非常に多い．したがって，特別な理由がない限りこれらの化合物を合成すべきではない（テトラフルオロホウ酸塩などで代用できる場合が多い）．

同じ理由で，強い酸化力をもつ（還元されやすい）銀（I）のアミン錯体やアセチリド化合物も酸化還元を伴う爆発を起こしやすい（これらの場合には反応により発生する大量のガスの影響も大きい）．

3・2・4 爆発性混合物と混合危険

2種以上の化学物質が混合することにより，もとの状態に比べてより危険な状態になることを混合危険という．この混合危険には，発火・爆発の危険性（☞ 表3・12）とともに，混合により有害性/腐食性の物質を発生する場合もある（☞ 表3・13）．たとえば塩素系漂白剤（次亜塩素酸塩水溶液）と酸素系漂白剤（過炭酸塩：炭酸塩の過酸化水素付加物）の混合により有毒な塩素ガスが発生する事故は，化学実験室に限らず家庭でも起こり得る．

爆発性混合物の取扱いで特に注意したいものに，酸化性物質（☞ §3・2・5）と可燃性物質（☞ §3・2・6，§3・2・7）の混触がある．この場合，急激な酸化

表 3・12　爆発，発火をひき起こすおもな混合危険の例

酸化性物質（☞ §3・2・5） ＋ 還元性物質	可燃性固体（☞ §3・2・6），または 引火性液体（☞ §3・2・7）

酸　素　＋　可燃物（特に水素）
アンモニア　＋　銀，ハロゲン，次亜塩素酸塩
ハロゲン　＋　アミン，アジ化物，アセチレン，金属粉，オレフィン類
強　酸　＋　オキソハロゲン酸塩，過マンガン酸塩，有機過酸化物，ニトロソアミン
有機ハロゲン化物　＋　アルカリ金属，アルカリ土類金属
銅，銀，水銀　＋　アセチレン，シュウ酸，酒石酸，アンモニウム化合物，過酸化水素，雷酸
アセトン　＋　混酸（$HNO_3＋H_2SO_4$）
ニトロベンゼン　＋　水酸化カリウム
無水酢酸　＋　エチレングリコール，過塩素酸，アミン類

表 3・13　有毒ガスを発生するおもな混合危険の例

次亜塩素酸塩 ＋ 酸 → 塩素, 次亜塩素酸	セレン化物 ＋ 還元剤 → セレン化水素
シアン化物 ＋ 酸 → シアン化水素	ヒ素化物 ＋ 還元剤 → ヒ化水素
アジ化物 ＋ 酸 → アジ化水素	硝酸塩 ＋ 硫　酸 → 亜硫酸ガス
硫化物 ＋ 酸 → 硫化水素	硝　酸 ＋ 金属(銅) → 亜硝酸ガス
亜硝酸塩 ＋ 酸 → 亜硝酸ガス	リン＋水酸化カリウム, 還元剤 → リン化水素

還元反応に伴う熱エネルギーの放出が引き金となって，爆発が起こる可能性がきわめて高い．また，オキソハロゲン酸（亜塩素酸塩，塩素酸塩，臭素酸塩など）と強酸（硫酸など）の混触も直ちに発熱，発火する恐れがきわめて高い．

混合危険の予防には，どのような化学物質の組合わせが危険であるかについての知識を得てから実験を行うことが重要である．また，地震時の混触を防ぐようおのおのの薬品の保管位置を考えるとともに，薬品庫の固定や落下防止策を施すことも重要である．

3・2・5　酸化性物質

消防法では，第1類 酸化性固体と，第6類 酸化性液体に分けられているが，どちらも化学的に活性で，加熱，衝撃などによって酸素を放出しながら分解し，同時に大量の熱を発生する．そのため，周囲に可燃性物質があるとその酸素による酸化反応でまた大量の熱を発生し，発火・爆発や火災に至る．酸化性物質には，酸素，オゾン，フッ素などのような気体物質も含まれる（これらは高圧ガス保安法の規制を受ける）．

酸化性液体には，過酸化水素，過塩素酸，硝酸，ハロゲン間化合物が含まれる．一方，酸化性固体には，オキソハロゲン酸塩，硝酸塩，亜硝酸塩，アルカリおよびアルカリ土類金属の過酸化物，過マンガン酸および二クロム酸塩，二酸化鉛，ペルオキソ二硫酸塩などの無機化合物のほか，塩素化イソシアヌル酸も含まれる．

酸化性物質を安全に保管，取扱うためには，以下のような注意が必要である．

❶ 加熱，衝撃，摩擦を避ける．
❷ 有機物などの可燃性物質との（オキソハロゲン酸塩や過マンガン酸塩は強酸とも）混触を避ける．地震などに備えて，保管場所にも注意する．
❸ 日光の直射を避け，熱源からもできるだけ離す．

事故例 3・4　　硝酸で飛行機事故？
　1973 年 11 月 3 日，パンアメリカン航空のヨーロッパ行き貨物輸送機から，ニューヨークを離陸して数分たったとき，機内に煙が発生したと通報があった．そして，35 分後に，この飛行機はボストン空港で墜落し，3 名の乗組員全員が死亡した．この事故を調査した結果，事故の原因は積まれていた硝酸であることが明らかとなった．このジェット機に積まれていた硝酸は，おがくずを詰めた木の箱にこん包されていた．しかも，瓶が横になっていたので，硝酸が漏れだし火災が発生したことがわかったのである．酸化性液体の不注意な取扱いが，重大な事故につながった例である．

3・2・6　可燃性固体

　可燃性固体は火源によって比較的容易に引火し，また発火点まで達すると燃焼を開始する．非金属単体（赤リン，硫黄，活性炭など），金属（マグネシウム，亜鉛，アルミニウム，鉄粉など），硫化リンなどがある．酸化剤と混合すると爆発の恐れがあるだけでなく，強い摩擦によって発火することもあるので，保存する際は酸化性物質から遠ざけ，火気のない冷暗所に保存する．硫化リンや金属粉は空気中の湿気とも反応する．特に硫化リンは水との反応により有毒ガスを発生するので，水分との接触をさけるよう保管する．
　粉じんが発生することが多いので（この粉じんに引火すると爆発を起こすことがある），多量に扱うときは防じんマスクと手袋を用いる．
　金属粉や硫化リンが燃えだした場合には注水消火は好ましくない．砂または粉末消火器がよい．

3・2・7　引火性液体

　消防法危険物第 4 類に分類されるもので，常温常圧で液体の可燃物をいう．その危険度に応じて表 3・14 のように分類されている．

● **引火点と発火点**　　引火点とは，火気（裸火やスイッチなどの電気火花，ヒーター，静電火花など）により着火する温度で，発火点とは火気がないときでも空気中の酸素と反応して発火する温度をいう．

3・2 危　険　物

表 3・14　引火性液体の分類

特殊引火物	1 気圧で発火点が 100 ℃以下，または引火点が −20 ℃以下で，沸点が 40 ℃以下のもの
第一石油類	1 気圧で引火点が 21 ℃未満のもの（室温で引火しやすい）
アルコール類	炭素数 3 以下の 1 価アルコール（同上）
第二石油類	1 気圧で引火点が 21〜70 ℃未満のもの（加温時に引火）
第三石油類	1 気圧 20 ℃で液体で，引火点が 70〜200 ℃未満のもの（加熱蒸気，分解ガスに引火）
第四石油類	1 気圧 20 ℃で液体で，引火点が 200 ℃以上のもの（同上）
動植物油脂	採油した原油および精製した油で 20 ℃で液状のもの（同上）

● **自分が使う試薬の分類は？**　　試薬会社のカタログには消防法の規制を受ける危険物には，危険物の分類と危険等級が示してある．（図 3・2 参照）自分が用いる試薬の性質を調べるときにチェックしておくとよい．

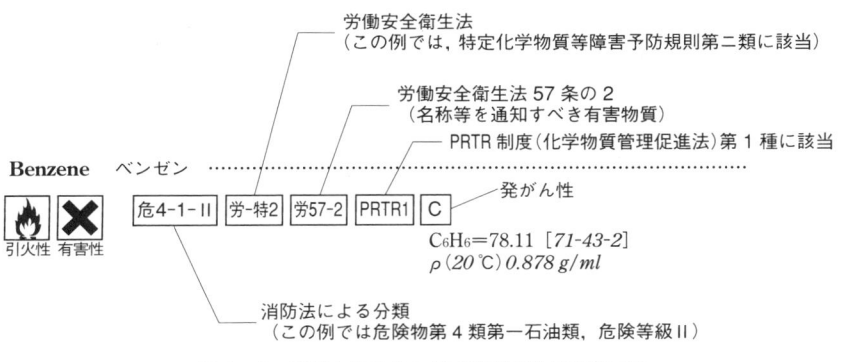

図 3・2　試薬カタログなどの法規該当品目表示例

Benzene　ベンゼン
危4-1-II　労-特2　労57-2　PRTR1　C
引火性　有害性
$C_6H_6 = 78.11$　[71-43-2]
$\rho\,(20\,°C)\,0.878\,g/ml$

- 労働安全衛生法（この例では，特定化学物質等障害予防規則第二類に該当）
- 労働安全衛生法 57 条の 2（名称等を通知すべき有害物質）
- PRTR 制度（化学物質管理促進法）第 1 種に該当
- 発がん性
- 消防法による分類（この例では危険物第 4 類第一石油類，危険等級 II）

● **実験室には少量を**　　引火点の低い引火性液体は実験室に必要以上に持ち込まない．それ以上の引火性液体は，危険物第 4 類専用の危険物屋内貯蔵所に保管する．

● **少量保管**　　引火性液体を入れるガラス容器は 1 リットル以内にとどめる．それ以上の場合は金属製容器を使用する．望ましくは溶媒保存用につくられた安全缶（safety can）（☛ 図 3・3）を使用する．

図 3・3　安全缶（ステンレス製）

● **裸火厳禁**　引火性液体の加熱にはバーナーのような裸火を使用してはならない．ウォーターバス，オイルバスなどを用いる．ドライヤーによる加熱はヒーター線で引火することがある（☛ 事故例 3・5）．引火性液体を取扱うときは，実験室内の裸火はすべて消すこと（ガス湯沸かし器の種火に注意）．

　事故例 3・5　有機物を再結晶しようとして，溶液を加熱するのに手近にあったドライヤーで加熱したところ，ドライヤーが溶媒蒸気を吸い込み，ヒーター線で引火，大やけどを負った．

● **換　気**　引火性液体をオープンで取扱うときには換気に留意する．局所換気装置は蒸気発生源の間近でないと効果がない．また，通常，蒸気は空気より重いので，下にたまりやすく換気口は下方に設けるのが望ましい．換気扇が上方にしかない実験室では，窓の下方に新たに取付けたり，ダクトで床上に延長するなどで対応する．また，真空ポンプの排気中には多量の蒸気が含まれている．真空ポンプ排気口からホースで局所換気装置に排気を誘導すること．

● **こぼさない**（容器破損など大量の飛散については ☛ §9・3）　引火性液体をこぼさないように注意する．こぼしたときはすみやかにふき取るが，ふき取ったあとのワイパーやぞうきんを実験室内に放置しておくと蒸気の発生源となってしまい，危険度はむしろ上がっていることに注意すること．

● **廃液処理**（詳しい処理法については ☛ 5章）　廃液は絶対に排水溝に流してはならない．排水溝の先で火災を起こす可能性がある．また，水溶性の溶剤でも環境に与える影響は甚大である．それぞれの施設で定められた処理法に従って安

3・2 危 険 物

全に処理すること．

● **もしものときは……**（一般的対処法については☞6章）　引火性液体が衣服についたときは，すぐに脱いで着替えること．もし，衣服に付いた引火性液体が発火した場合は，走らずに床上に転がって消火する．緊急用シャワーの使用や周囲の者が水をかけたり，粉末消火器で消すのも効果的である．

少量の引火性液体の火災は二酸化炭素消火器，あるいは粉末消火器で消火できる．引火性液体火災の規模は燃焼面積に比例するから，消火器の消火液の圧力で容器を転倒させるなどして，火災面積を広げないことが大切である．火災を出した本人はパニックに陥っている場合も多く，周囲の人間の迅速な対応が被害を最小限にとどめる．（一人で実験するな!!　☞事故例3・6）

消火器を有効に利用するためには，使い方の習熟はもちろんであるが，設置場所を複数箇所覚えておくことが大切である．

> **事故例 3・6**　溶媒500 mLの入ったガラス容器を真空ラインにバーナーを用いて接続しているときにガラス管が折れ，溶媒容器が破損，即座に引火し火災が発生した．作業をしていた本人はパニック状態に陥り動けない状態になっていたが，引火爆発音を聞きつけた隣室の数名が救出と初期消火および通報に当たり，20 m^{2}程度の実験室を半焼する程度で鎮火し，幸いけが人もなかった．この鎮火には二酸化炭素消火器十数本を要した．

● **代表的な引火性液体**　実験室でよく用いられる代表的な化合物を表3・5にまとめた．下記表以外の化合物については付録Cや試薬会社のカタログ，あるいはインターネットなどを参照されたい．

表 3・15　代表的な引火性液体

危険物の分類	研究室内でよく使われる試薬
特殊引火物	ジエチルエーテル，ペンタン，酸化プロピレン，アセトアルデヒド，二硫化炭素など
第一石油類	ベンゼン，トルエン，酢酸エチル，アセトン，ピリジン，THFなど
アルコール類	メタノール，エタノール，プロパノール
第二石油類	キシレン，灯油，ジメチルホルムアミド，氷酢酸など
第三石油類	クレオソート油，ニトロベンゼン，アニリン，エチレングリコールなど
第四石油類	流動パラフィン，真空ポンプ用オイルなど
動植物油脂	やし油，パーム油，大豆油，あまに油など

3・3 環境汚染物質
3・3・1 発がん性物質

われわれは発がん性物質に取囲まれ，かつ食物から摂取もしている．しかし，これらは微々たる量である．一方，化学実験において取扱う試薬類の中には，人間に対して発がん性をもつ化合物も多く存在する．これらは環境にあるものよりも桁違いの濃縮状態で取扱うので特別の注意が必要である．日本においては，日本産業衛生学会が International Agency for Research on Cancer (IARC) が発表している発がん物質分類を妥当なものと判断し，かつ，その他のさまざまな情報を加えて検討し，産業化学物質および関連物質を対象とした発がん物質表を定めている．

日本産業衛生学会による発がん物質の分類はつぎのように定義されている．

- 第1群：人間に対して発がん性の**ある**物質
- 第2群：人間に対して**おそらく**発がん性が**あると考えられる**物質
    発がん性を示す証拠の程度により，第2群A（証拠がより十分な化合物群）と第2群B（証拠が比較的十分でない化合物群）にさらに細分類される．

発がんに関与する物質のすべが同定・検査され，日本産業衛生学会による分類に網羅されているわけではないことに注意しなければならない． 新規化合物で構造上から発がん性が疑わしい（未検証）とされるものは論文中に警告されていることもある．自らが合成した化合物または副生物にも発がん性が疑わしいと懸念する状況に遭遇することがある．このような場合，発がん性と構造にはある程度の相関が認められているので，発がん性物質との対照を怠らないようにするなど対策が必要である．自分が行おうとしている実験に発がん性物質が含まれる場合，つぎの点に注意して実験を行うこと．

❶ **代替できないか考える．** 行おうとする実験で発がん性の物質（特に第1群，第2群A）を取扱う必要があるとき，まず，その物質を使わない方法を検討する．たとえば，溶媒としてのベンゼンは多くの場合トルエンで代替することができる．

❷ **防護策を完璧にする．** どうしても代替できないときは，ドラフト中での使用，保護手袋，保護眼鏡の着用，必要に応じて防毒マスクの着用など，防護措置を十分にとる．実験中に試料の漏えい，飛散もありうると予期し，適切なシート上，または陶器製バット内で実験し，万一の事故でも汚染が拡散しないようにする．

❸ **汚染しない．** 実験室内での汚染は，実験者のみならず，周囲の人に対しても危険である．汚染が発生した場合は，すみやかに周囲の人へ知らせ，適切な処置をとる．また，実験廃棄物も環境汚染が起こらないように，厳密に処分することが必要である．

3・3・2 水質汚濁物質

わが国では，水俣病，イタイイタイ病など過去に水質汚染による深刻な公害問題が起こった．河川，湖沼の水は飲み水，農業用水として循環利用されるし，食物連鎖の原点ともいえる．化学者は，自らの廃棄した化学物質が原因で多くの人の健康を損ねる可能性があることに十分留意しなければならない．

工場や事業所（大学などの教育研究機関も含まれる）からの排水には，水質汚濁防止法で排出基準（☞ 表3・16）が設定されている．実験室からの排水中に含まれる有害物については，少なくとも水質汚濁防止法の許容濃度を超えないように適切な処理をしなくてはならない（処理方法については ☞ 5章）．

また環境基本法では，公共用水域に関してさらに厳しい基準値が，48物質（キシレン，トルエン，フッ素，ホウ素，硝酸性窒素および亜硝酸性窒素も規制対象物質として含まれている）について設定されていることも念頭に置かなければならない．

表 3・16 水質汚濁防止法で指定されているおもな有害物質とその排出基準（許容濃度）**および環境基本法での基準値**（ppm＝mg L^{-1}）[†1]

物質名	排水基準	環境基準	物質名	排水基準	環境基準
アルキル水銀	不検出[†2]	不検出	ポリ塩化ビフェニル（PCB）	0.003	不検出
水銀およびその化合物	0.005	0.0005	有機リン化合物[†3]（農薬類）	1	(0.006)
カドミウムおよびその化合物	0.1	0.01	チウラム	0.06	0.006
鉛およびその化合物	0.1	0.01	ベンゼン	0.1	0.01
六価クロム化合物	0.5	0.05	ジクロロメタン	0.2	0.02
ヒ素およびその化合物	0.1	0.01	四塩化炭素	0.02	0.002
セレンおよびその化合物	0.1	0.01	1,2-ジクロロエタン	0.04	0.004
シアンおよびその化合物	1	不検出	テトラクロロエチレン	0.1	0.01

[†1] "排出基準を定める総理府令"より．他の含クロロ炭化水素類を含め，全部で24種類指定されている．
[†2] 不検出とは，現在の検定方法の定量限界以下を下回ること．
[†3] 有機リン化合物は，パラチオン，メチルパラチオン，メチルジメトンおよびEPNなど農薬4類に限る．

酸，アルカリなども中和してから廃棄しなくてはならない．一方，中和により塩濃度が上昇することも環境に対しては決してよくない．重要なことは廃棄物質（使用物質）の総量をできるだけ少なくすることである．なお，酸の中和には炭酸水素ナトリウム（重曹）が推奨されている．

3・3・3 悪臭物質・オゾン層破壊物質

気圏への有害物質の排出は，大気汚染防止法，悪臭防止法，特定物質の規制などによるオゾン層の保護に関する法律などの規制を受ける．大気汚染防止法では，煤じん（すすなど），粉じん，自動車排出ガスのほかに，低濃度であっても長期的な摂取により健康影響が生ずる恐れのある物質として，234種類の物質が有害大気汚染物質に指定されている．このうち特に優先的に対策に取組むべき物質（優先取組物質）としてつぎの22種が指定されている（☞ 表3・17）．

表 3・17　大気汚染防止法に指定されている優先取組物質[†]

アクリロニトリル	水銀およびその化合物	1,3-ブタジエン
アセトアルデヒド	タルク（アスベスト様	ベリリウムおよびその化合物
塩化ビニルモノマー	繊維を含むもの）	ベンゼン
クロロホルム	ダイオキシン類	ベンゾ[a]ピレン
クロロメチルメチルエーテル	テトラクロロエチレン	ホルムアルデヒド
酸化エチレン	トリクロロエチレン	マンガンおよびその化合物
1,2-ジクロロエタン	ニッケル化合物	六価クロム化合物
ジクロロメタン	ヒ素およびその化合物	

[†] "大気汚染防止法の概要"，環境省ホームページによる．

表 3・18　悪臭防止法に指定されている特定悪臭物質

アンモニア	ノルマルブチルアルデヒド	トルエン
メチルメルカプタン	イソブチルアルデヒド	スチレン
硫化水素	ノルマルバレルアルデヒド	キシレン
硫化メチル	イソバレルアルデヒド	プロピオン酸
二硫化メチル	イソブタノール	ノルマル酪酸
トリメチルアミン	（イソブチルアルコール）	ノルマル吉草酸
アセトアルデヒド	酢酸エチル	イソ吉草酸
プロピオンアルデヒド	メチルイソブチルケトン	

悪臭防止法の規制対象には，現在表3・18の22物質が指定されている．これらのガスが発生する実験は，ガス補足装置を使用したうえで，スクラバーもしくは活性炭吸着型の排気洗浄装置を備えたドラフトチャンバー内で行うことが望ましい．

オゾン層破壊物質には21物質が指定されている（☛ 表3・19）が，いずれもハロメタン，ハロエタンであり，その使用は最小限にすべきである（一部の物質は，すでに製造が中止されている）．

表3・19 オゾン層破壊物質[†]

$CFCl_3$ (CFC-11)	$CHFCl_2$ (HCFC-21)	$C_3H_2F_5Cl$ (HCFC-235)
CF_2Cl_2 (CFC-12)	CHF_2Cl (HCFC-22)	$C_2F_2Cl_4$ (CFC-112)
CF_3Cl (CFC-13)	CF_3CHCl_2 (HCFC-123)	$C_2F_3Cl_3$ (CFC-113)
CCl_4	CF_3CHFCl (HCFC-124)	$C_2F_4Cl_2$ (CFC-114)
CF_2ClBr (ハロン-1211)	$C_2H_2F_3Cl$ (HCFC-133)	C_2F_5Cl (CFC-115)
CF_3Br (ハロン-1301)	$CFCl_2CH_3$ (HCFC-141b)	$C_2F_4Br_2$ (ハロン-2402)
CH_3Br	CF_2ClCH_3 (HCFC-142b)	

[†] "特定物質の規制などによるオゾン層の保護に関する法律"による．

3・4 放射性物質

1895年のレントゲンによるX線の発見にひき続き，その翌年にはベクレル（A. H. Becquerel）により放射能が発見された．これにより人類は初めて放射線を認知したが，地球上に住む生物は太古の昔より宇宙線や，土壌や空気中の放射性同位元素（radioisotope: RI）さらには体内に取込まれたRIから絶えず放射線を浴び続けている．

近年，人工的に放射線を発生させ，またRIを製造し使用することによって，これまで自然界から受けてきた量と比べて大量の放射線を浴びることになった．その結果，身体への悪影響（たとえば，やけどやがんの発生，ひどい場合には死に至る）がしばしばひき起こされている．

われわれは，自然界より年間 0.8 mSv（ミリシーベルトと読む．単位については☛ p.41，"放射能・放射線量の単位"），体の中に空気や水とともに取込んだものから 1.6 mSv の放射線を浴びている（国連科学委員会1988年報告）．また医療検査で，たとえば胸部X線撮影（間接）で 0.9 mSv，CTでは 10 mSv（ICRP Publ.34）の放射線を浴びている（これは医学検査ということで認められている）．

放射線被ばくによる身体的，遺伝的影響

 どの程度の量の放射線を被ばくすることによって身体的，遺伝的影響が出てくるかといえば，たとえば，1990年のICRP勧告によれば，1 Sv 被ばくすることにより20人に1人ががんにより死亡するとなっている．しかしながら，身体への影響が直ちに出てこない低い線量でも，繰返し被ばくすることにより晩年にがんをひき起こしたり，次世代へ遺伝的影響を及ぼす可能性があることを自覚すべきである（詳しいことは ☞ 付録D 放射線量と障害）．

 以上のことを念頭に置きRIを使用する際の注意点を述べる．
 最初に，RIや放射線発生装置（X線発生装置，粒子加速器など）の使用は原子力基本法および放射線障害防止法（放射性同位元素等による放射線障害の防止に関する法律）により細かく規制されており，放射性同位元素等（放射線発生装置を含む）の使用は国の使用承認または許可を受けた施設でのみ許されているということを注意しておく．施設には管理区域という，一般の人が自由に立ち入ることができない区域が設定してあり，そこで作業を行う（この管理区域を示す標識を口絵1に示す）．管理区域内では飲食，喫煙などが禁止されており十分気をつけなければならない．また管理区域内で使用した物品などを区域外へ持ち出すときはRIで汚染していないか確めねばならない．
 使用者（放射線業務従事者という）はRI等を使用する前に各自が所属する大学，研究所などで使用者としての登録を行い，法令で定められた教育訓練と健康診断を受けなければならない．実験者自身が必要以上の放射線被ばくを受け，放射線障害を被らないためにも，また施設の周りの住民をも含めた第三者への被ばくをひき起こさないためにも，実験中さまざまなことに（たとえば，決められた以上の量のRIを使用しない，使用後はすみやかに貯蔵施設に保管する，使用の記録を必ずつけるなど）注意しなくてはならない．そのためには施設ごとに定められた放射線障害予防規則を熟知しておく必要がある．
 施設内での作業にあたっては必ず線量計を装着し放射線の被ばくをモニターしなければならない．これは使用者自身のためであり，面倒だからといって線量計を装着しなかったり，健康診断を受けなかったりすると，思わぬ被ばくを受けた場合健康を害する恐れもありうる．

3・4・1 密封 RI

　密封 RI とは RI が外に出ないように物理的，化学的に金属やプラスチックなどの固体内に封じ込めたものをいい，利用する放射線のみが出ている．こうした RI のうち比較的数量の小さい（3.7 MBq 以下）ものは簡便な放射線源として使用されるが，表面が薄い膜でできていて破れやすい線源もあり，誤って破損すると RI が外に漏れ出してきてしまうので，取扱いには十分注意が必要である．

　それらの低放射能密封線源は使用に際し，特に手袋をする必要もないが，破損などの事故が起こった場合に備え，手袋，ピンセット，ポリ袋などの準備は整えておくべきである．密封 RI を使用する際に注意すべきは，自分がこれからどれだけの量（Bq 数）の線源を取扱い，作業時間内にどれだけの線量の被ばくを受けるかをあらかじめ見積もることである．これにより作業時間（**time**）の短縮，線源との距離（**distance**）をとる，さらには線源からの放射線をしゃへい（**shield**）するなどの必要な処置を考えることができる．**放射線作業にはこの t，d，s を考慮するのが基本である．**初心者は RI や放射線を取扱うということにまず大きなストレスを感じる．実験計画を組立て，書くことで緊張をやわらげ実験を安全に行うことができる．

　実際の作業に当たってはつぎのことに十分注意をすべきである．

---

❶ 承認証または許可証に記載された線源の使用目的以外の使用は行わない．また記載された使用方法を遵守する．

❷ 密封線源といえども使用方法を誤ると破損し，内部の RI が飛び出して使用者や周りの床などを汚染するので，注意が必要である．たとえば，RI 線源は落下しやすい場所において使用しない．

❸ 線源に備え付けの使用記録をつける（線源の紛失を予防するため）．

❹ 使用中は必ず放出される放射線に適合したサーベイメーター（携帯型放射線測定器）などを利用し，放射線量をモニターする（被ばくを避けるため，また誤って他の線源を使用していないかの確認）．

❺ 実験終了後は線源に異常がないか確かめたのち，直ちに所定の保管場所に戻し，同時にその旨を記録簿に記入する．

❻ 線源に異常が見つかった場合や，使用者が誤って多量の放射線を被ばくした場合は，直ちにその施設の放射線取扱主任者に知らせ，適切な処置を仰ぐ．

3・4・2 非密封 RI

　密封線源を使用する場合は放射線による被ばくの低減を考えればよかったのに対し，非密封 RI を使用する場合には RI を体の中に取込まないこと（内部被ばく）をまず考えねばならない．このためには，試料の飛散を起こさないような作業計画を立てることが大事である．たとえ少量の飛まつでも RI 汚染となることを自覚すべきである．飛散の恐れがある RI の取扱いは十分に排気されたドラフト内において行う．以下に具体的な作業手順および厳守すべき注意事項を述べる．

❶ 基本的なこととして，飲食，喫煙などは厳禁，また皮膚にけがなどがある場合は作業を行わない．
❷ 実験を始める前に作業の周到な計画を立てる．特に取扱う RI の数量，化学的性質，物理的形態を十分把握する．
❸ 作業になれるために，あらかじめ操作手順を非放射性の物質を使用してシュミレーションを行う．これによってどこの操作が危険か前もって知ることができ，また実験時間を短縮できる．
❹ 非密封 RI 同様，使用の記録をつける．
❺ 保護眼鏡，施設内でのみ使用する実験着，個人被ばく線量を測定する器具（フィルムバッチ，ポケット線量計）を付け，ゴム手袋をして実験を行う．
❻ ポリエチレンで裏打ちした沪紙を敷いたバットを使用し，その中で化学操作を行う．
❼ ドラフトの換気が十分であるか確かめる．ドラフト内および実験室内は整理整頓を心掛ける．当然出てくる廃棄物を入れるポリ袋，廃液瓶などもあらかじめ準備しておく．
❽ ピペットで溶液を吸い取るときは安全ピペッターを使用するのはもちろん，ピペットからのしずくがぽたぽたと周りに落ちないよう十分注意する．また溶液を沪過するときも漏斗から沪液が飛び跳ねないように注意する．
❾ 実験が終わったら，RI および RI で汚染されたものは所定の分類に従い廃棄する．廃棄物はまとめて財団法人日本アイソトープ協会に有料でひき取ってもらうので表 5・3（p.95）のように分類する．
❿ 実験および廃棄物の処理が終了したら，使用した実験机の上，ドラフト周りの床を専用の沪紙でふき取り，汚染検査を行う．
⓫ 使用終了を使用記録に記して実験は終了．
⓬ 最後に実験でどれだけの被ばくをしたか装着していた線量計で確かめる．

❸ 実験室（管理区域）に持ち込んだノートや計算機などの物品は，サーベイメーターなどでRIによる汚染がないか入念に確かめたのち持ち出す．

3・4・3　RIを安全に取扱うために（事故と処置）
A　密封線源取扱い

　これまでいろいろな施設で密封線源の紛失がしばしば起きている．特に注意したいのは 3.7 MBq 以下の密封線源の取扱いである．このような少量の放射能を密封した線源は法的規制がきわめて緩やかであるために，いつの間にか RI を取扱っているという認識を失いがちとなる．使用後 RI 線源を貯蔵庫に返さずそのまま放置してしまい，いつしか他のごみにまぎれて紛失させてしまう．しかしながら線源の中には RI が封入されており，紛失後なんらかの原因で壊されると RI が露出する．密封線源がどのような構造になっているか，典型的な密封線源を図3・4に示す．この図のようにアクリルなどでできているために機械的衝撃でたやすく壊れて内部のRIが露出し，周りを汚染しやすい．露出した RI は環境中に広がり，汚染が拡大し重大な事故となる．小さな線源にはタグをつけるなど目に付きやすいようにし，さらに使用の記録を怠らず，使用後すみやかに貯蔵庫に戻すことによって事故は防げる．

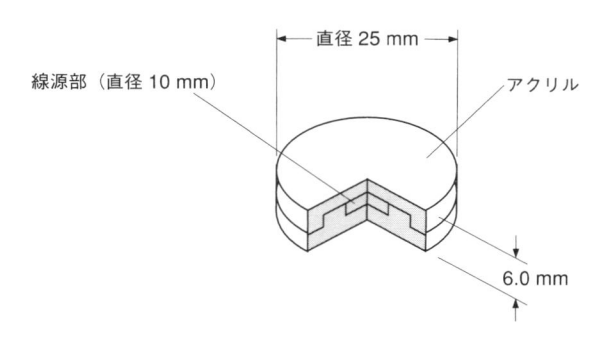

図 3・4　日本アイソトープ協会販売の密封線源

（線源部（直径 10 mm），直径 25 mm，アクリル，6.0 mm）

B　非密封 RI による床の汚染

　ある大学で実際に起こった汚染事故は，実験者が故意に RI を床に撒いたことによって発生した．もちろん，使用者が故意に RI をばらまく行為は常軌を逸してい

るが，実験中に過って RI を飛散させてしまうことは常に起こりうる．実験者はつねに RI の飛散に対する注意と予防を心掛けねばならない．また自分が必要とする量以上の RI を使用しない．使用中も頻繁に実験場所付近をサーベイメーターを用いてモニタリングを行う．たとえ実験中でも，夜間など人の出入りが途絶えるときは試料をドラフト内などに放置せず施錠のできる保管庫にしまう．

日本アイソトープ協会より購入できる液体の RI は口絵 2 のような瓶（バイアル瓶）に入っている．たいていの RI は少量の溶液状態であり，瓶よりピペットや注射器を用いて取出すときはよく換気の効いたドラフト内で，細心の注意を払い，しずくなどを周りに落とさないようにする．

C 汚染の除去

前述のように注意して RI を取扱っていても汚染を完全に防ぐことはできない．汚染が生じた場合，適切な処置を怠ると取返しがつかなくなる．何よりも早期発見が一番重要である．このためには自分が使用している手袋や，実験着さらにはスリッパを放射線測定器を用いて頻繁にモニターすることが必要である．

つぎに汚染の処理方法を示す．

❶ 汚染が発見されたらまず周りにいる経験豊かな実験者に知らせる．自分ひとりで処理しようとするとかえって汚染を拡大することになる．
❷ 手袋，実験着が汚れた場合は汚れたものは脱いで廃棄し，新たなものを使用する．つぎにその原因を確かめこれ以上汚染が起こらないように処置する．
❸ スリッパなどの履物が汚れているときは，実験場所の床面が汚染しているのであるから，直ちに履物を替え，経験豊かな人とともに汚染範囲の特定を行い，その場所に他の実験者が入らないように囲いなどをする．それと同時にこれ以上 RI が飛散しないように汚染源の処置を行う．その後汚染した RI をふき取り（場合によっては物理的にはぎ取る），RI を完全に除去する．この際に発生した RI で汚れた沪紙，水なども RI 廃棄物として表 5・3 (p. 95) の分類に従い廃棄保管する．
❹ RI の除染後，必ずモニターを行い，除染されたことを確認する．
❺ 再発防止のために汚染の記録を残しておく．

3・4 放射性物質

放射能・放射線量の単位

放射能を表す単位として Bq（ベクレル）が用いられるが，これは 1 秒間当たりの RI の崩壊数である．すなわち dps（decay per second）と同意語である．他の単位と同様に k（キロ：10^3），M（メガ：10^6），G（ギガ：10^9）などの接頭記号が用いられる．ごく普通の実験で使用する RI の放射能としては kBq から MBq のオーダーである．Bq オーダーの RI は特別なしゃへいを施してバックグラウンドを下げた検出器でなければ精確に検出できない．また数十 MBq 以上の RI を取扱うには鉛ブロックを積むなどのしゃへいを施したドラフトが必要である．GBq のオーダーの RI を取扱うためには十分なしゃへいを施し，マニピュレーターを備えた特別な設備が必要である．

放射線量の単位として Gy（グレイ）と Sv（シーベルト）が用いられる．Gy は吸収線量，すなわち物質に吸収された放射線のエネルギー量を表しており，物質 1 kg に 1 J のエネルギーの放射線が吸収されたとき 1 Gy とする．放射線はその種類によって生物学的効果が異なるので，これを考慮に入れたのが実効線量である．その単位 Sv は，

$$\text{Sv} = \text{Gy} \times 放射線荷重係数$$

で定義される．β 線，γ 線の荷重係数は 1，中性子（エネルギーが 10 keV 未満）は 5，中性子（10 keV $\leq E$（エネルギー）$\leq$ 100 keV）は 10，中性子（100 keV $< E$（エネルギー）$\leq$ 2 MeV）は 20，陽子は 5，α 粒子，核分裂片，重い原子核は 20 である．われわれが一般的な実験をしているときの線量は Gy や Sv では大きすぎ，接頭記号 m（ミリ：10^{-3}）や μ（マイクロ：10^{-6}）のついた Gy，Sv のオーダー（mGy，mSv，μGy，μSv）である．

内部被ばく

密封された RI 線源を使用しているときは，実験者はその RI からの放射線による被ばく（外部被ばく）のみを考えて実験すればよかったが，非密封 RI を使用する場合は，RI が実験者の呼吸によって空気中から体内へ取込まれることも考慮しなければならない．体の中へ取込まれた RI は，組織の中で体外へ排出されるまで放射線を出し細胞を照射し続ける．これを内部被ばくといい，外部被ばくに比べ危険度が高い．特に元素によっては特定の組織に堆積する場合があり，重大な障害をひき起こすので十分注意しなければならない．たとえばヨウ素は甲状腺に堆積し，がんをひき起こすし，カルシウム，リンは骨に堆積し，白血病などの造血器障害をひき起こす．

3・5　高圧ガス

3・5・1　高圧ガス

通称ボンベとよばれる鋼鉄製の容器に加圧して充填された気体を高圧ガスという．化学実験では，高圧ガスを減圧して使用する．使用法を誤ると大きな事故につながるので，以下のような注意が必要である．

❶ 気体を取出すバルブは壊れやすいので，ボンベを運搬する際にはバルブを保護するために必ずキャップをつける．

❷ ボンベの移動には専用の手押し運搬車を用いること．プロの業者がよくやるようにボンベをころがすのは非常に危険である．

❸ ボンベを置くときは日陰で風通しのよいところを選ぶこと．直射日光があたったり，ストーブのそばに置くと，温度上昇に伴って圧力が上がり，安全弁が破裂することがある．

❹ ボンベは重心が高いので，少しの振動あるいは他の容器との接触によって，倒れる可能性がある．ボンベは専用の鎖で頑丈な架台に固定しなければならない．たとえ地震があったとしても，倒れることのないようにすべきである．

❺ ボンベのバルブを開ける前に，それが自分が使うガスであるかどうかを確認しなければならない．容器には図3・5のように，容器の肩部にガスの種類や充填圧などが刻印されている．

❻ 容器の色で充填ガスの種類がわかる場合もある．酸素は黒色，水素は赤色，アセチレンは褐色，二酸化炭素は緑色，アンモニアは白色，塩素は黄色であり，その他の高圧ガスは灰色である．

❼ 容器からガスを減圧して取出すときには，ボンベ本体の上端についているバルブ（☞ 図3・6）に，図3・7のような減圧調整器（レギュレーター）を取付ける．接続用のネジには右ネジと左ネジがあり，ガスの種類によって決まっている．一般に可燃性ガスは左ネジで，その他のガスは右ネジである．ヘリウムガスの場合は左ネジである．酸素ガスの場合には，図3・6に示したようにガスの出口がメスネジになっている．

❽ 容器からガスを使用するに従ってガスの圧力が減ってくるが，高圧側の圧力が $(3～5) \mathrm{kg\ cm^{-2}}\ [=(0.3-0.5)\mathrm{MPa}]$ くらいになると，減圧調整器を通してガスがほとんど出なくなる．この状態になったときには，ボンベのバルブを閉じて充填ガス圧の高いボンベと交換する．

3・5 高圧ガス

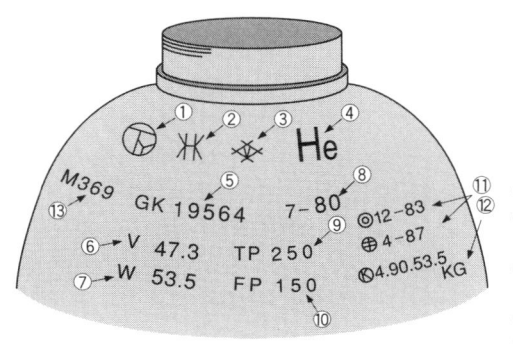

① 特定容器である旨の刻印
② 容器検査に合格した旨の記号および検査実施者の名称の符号
③ 容器製造業者の名称またはその符号
④ 充填すべきガスの種類
⑤ 容器の記号および番号
⑥ 内容量（記号 V，単位 L）
⑦ バルブおよび付属品を含まない質量（記号 W，単位 kg）．
⑧ 容器検査に合格した年月（この例では 1980 年 7 月）
⑨ 耐圧試験における圧力（記号 TP，kg/cm² 単位では数字のみ，メガパスカル単位では数字のあとにMがつく）
⑩ 最高充填圧力（圧縮ガスに限り）（記号 FP，kg/cm² 単位では数字のみ，メガパスカル単位では数字のあとにMがつく）

容器再検査（耐圧試験）に合格した場合には
⑪ 再検査実施者の名称の符号および再検査の年月
⑫ 質量の確認および質量に変化があった場合（この例では 1990 年 4 月の計量で 53.5 kg）
⑬ 所有者登録番号

図 3・5　ボンベの刻印の例

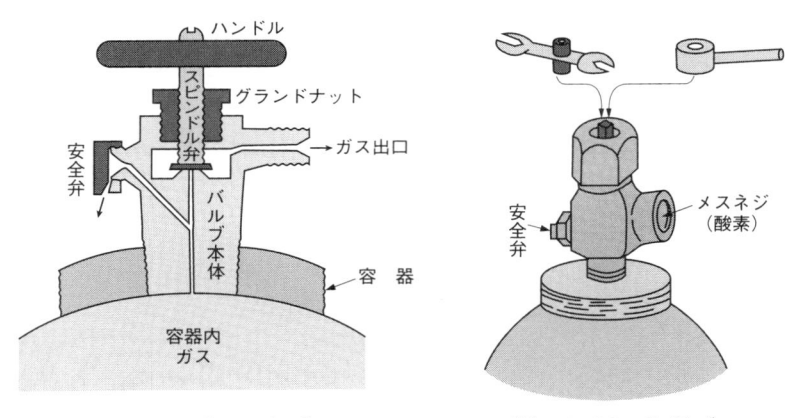

(a) ハンドル付きのバルブ　　(b) レンチのいるバルブ

図 3・6　バルブの構造

3. 危険な化学物質

減圧調整器は図3・7のような形をしている．1種類のガスには必ず一つ用意して，同一の減圧調整器をいろいろなガスに共用してはいけない．使用に際して注意すべき点は以下の通りである．

❶ ボンベのバルブを開く場合には，常に身体や顔を減圧調整器の正面に向けてはならない．接続ネジがゆるんでいるなどで，減圧調整器全体がふっ飛んだときの用心のためである．
❷ バルブと減圧調整器の接続部分からのガス漏れの有無は，圧力をかけた状態で，せっけん水を塗布することで容易に確認できる．
❸ 高圧側のバルブを開ける前に，圧力調整バルブがしまっていることを確認する．**左にいっぱい回っていなければならない**．
❹ ボンベのバルブを静かに開けたのち，減圧調整器の低圧側のストップバルブをしめ（**右に回す**），そのあと圧力調整バルブを右へ少しずつ回し，低圧ゲージの圧力を見ながら所定の圧力にする．
❺ ガスを使用するときは，ストップバルブを少しずつ左にまわし，適切な流量に調節する．
❻ 閉じるときはこれまでの逆で，必ずボンベのバルブまで閉じる．
❼ 圧力ゲージを見るときは正面から見ないで，斜めの方向から見ること．これは圧力ゲージのガラスが破損したとき，顔に当たらないようにするためである．

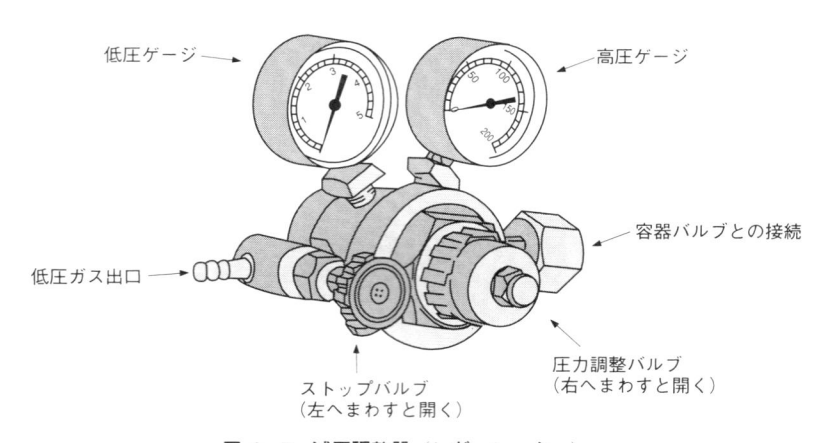

図3・7　減圧調整器（レギュレーター）

3・5・2 液化ガス

常温常圧で気体状態の物質を液化したものを液化ガスという．臨界温度が室温より高い物質の気体は加圧すると液体になり（加圧液化ガス），低い場合は冷却すると液体になる（冷却液化ガス）．物質にもよるが，液化すると体積は約800分の1くらいに減少する．この性質を利用すると，気体物質を小さな体積で貯蔵でき運搬にも便利である．

A 加圧液化ガス

表3・20（p.46）に示したように，加圧液化ガスには二酸化炭素，アンモニア，塩素，プロパン，ブタンなどがある．高圧ガスの場合にはガスを使用するとボンベ内の圧力は減少するが，加圧液化ガスは容器内で気液平衡状態にあるので，（容器の温度が一定ならば）ガスを使用しても液体がなくなるまで同じ圧力を保っている．加圧液化ガスを取扱う際には，以下のような注意が必要である．

> ❶ §3・5・1の高圧ガスの場合と異なり，アセチレン（☞ "アセチレンの充填"）および液化ガスの容器は絶対に横にしてはいけない．
> ❷ 高圧ガスボンベと比べて，加圧液化ガス容器の充填圧力は低いが，取扱い上の注意は基本的には高圧ガスと同じである，§3・5・1を必ず参照されたい．
> ❸ 加圧液化ガスは文字通り加圧して容器に保存されているので，容器からの気体の漏れによるガス中毒や爆発の危険性がある．§3・5・4を必ず参照されたい．

アセチレンの充填[*]

アセチレンを圧縮すると激しい発熱を伴って分解爆発を起こす恐れがある．そのため，アセチレンは圧縮してガスの状態で容器に充填することができない．容器中にケイ酸カルシウムを主成分とし，規定の多孔度を有する多孔質の固形マスを詰め，これにアセチレンをよく溶解する溶剤であるアセトンまたはジメチルホルムアミドを浸み込ませたものに，アセチレンを吸収，溶解させながら充填する．なお，多孔質物質として，石綿，木炭などよりなる粉粒マスおよびケイ酸カルシウムの粉粒マスを詰めた容器も流通している．

---

[*] "中級高圧ガス保安技術"，高圧ガス保安協会編集・発行（1999）による．

表 3・20　代表的な加圧液化ガスの充填圧力

物質名	化学式	充填圧力 [kg/cm^2]	容器の色	ガスボンベの出口ネジ
二酸化炭素	CO_2	80	緑	右
アンモニア	NH_3	7.4	白	右
塩素	Cl_2	6	黄	右
亜硫酸	SO_3	2.8		右
ホスゲン	$COCl_2$	1.3		右
亜酸化窒素	N_2O	47		右
シアン化水素	HCN	0.7		左
クロロメタン	CH_3Cl	4.2		左
クロロエタン	C_2H_5Cl	1.2		左
プロパン	C_3H_8	7.7		左
ブタン	C_4H_{10}	2.2		左

B 冷却液化ガス

冷却で得られる液化ガスは低温に保つ必要があるので，貯蔵運搬容器は断熱性の高い真空容器となっている．低温液化ガスは常圧で貯蔵するので，一見すると高圧ガスとは無縁のようだが，容器の断熱性が悪くなると液体は急激に気化し多量の気体を発生するので，高圧ガス保安規則の対象となっている．寒剤としてよく用いる液化ガスには，液体窒素（沸点 77 K）や液体ヘリウム（沸点 4.2 K）がある（☛ 表 3・21）．

表 3・21　常用液化ガスの物理的性質

物質名	沸点 [K]	融点 [K]	臨界温度 [K]	臨界圧力 [MPa]
酸素 O_2	90.18	54.4	154.58	5.043
アルゴン Ar	87.29	83.85	150.7	4.865
窒素 N_2	77.35	63.15	126.2	3.4
ヘリウム He	4.22	0.9 (2.6 MPa)	5.201	0.227

化学や物理の実験では，低温における物質の物理・化学的性質の研究，超伝導磁石の冷却，真空ラインや減圧ラインにおける有機物のトラップ用の寒剤として用いられる．冷却液化ガスを取扱う際には，次ページのような注意が必要である．

3・5 高圧ガス

❶ 冷却液化ガスは寒剤なので，§3・6 "寒剤" も参照せよ．
❷ 窒素は化学的にきわめて不活性なので，液体窒素は冷媒や真空ラインのトラップ寒剤としてよく利用される．真空ラインを使用する場合には，§4・3 "真空機器と真空ライン" も参照せよ．
❸ **凍傷**に気をつけること．軍手を使用すると液体が布の織目を通って，かえって凍傷をひどくすることがあるので，皮手袋を使用する．
❹ 液化ガスの貯蔵は断熱性のよい真空容器で行われるが，真空が悪くなると液体が急速に気化する．また液体の容器がガラス性のデュワー瓶の場合，ガラスが割れると液体が激しく気化する．空気中の酸素濃度は21％であるが，人間の呼吸として安全な下限は18％とされている．10～6％で失神し，6％以下では1回の呼吸で死に至る可能性があるので，**酸素欠乏**にならぬように，液化ガスを取扱うときは室内を換気しなければならない．
❺ 超伝導磁石が突然常伝導状態になるいわゆる**クエンチ現象**が起きると，寒剤の液体ヘリウムが爆発的に気化する．通常の換気扇では対応できないので，クエンチが生じたらすみやかに室外に退避しなければならない．特殊な換気装置のある部屋でも，まず退避すべきである．

事故例 3・7 ある大学で，通気性のよくない実験室で大量の液体窒素を使用しているうちに，空気中の窒素濃度がしだいに増え，限界値を超して2名の死者を出す悲しい事故が新聞で報じられたことがある．酸素欠乏の自覚症状はたよりないものであるが，安全への配慮不足はなげかわしいことである．

3・5・3 特殊材料ガス

半導体工業をはじめ先端技術産業では，研究用も含め特殊なガスが数多く用いられている．これらのガスは，可燃性，爆発性，腐食性などの危険な諸性質を有しており，何種類かは高圧ガスである．そのため，従来の法令では規制が十分でないという理由で，1985年 "特殊材料ガス災害防止自主基準"（以下自主基準）が制定された．この自主基準では，39化学物質が特殊材料ガスに指定された．これらのガスは，周期表の13～16族の元素の水素化物，アルキル化物，ハロゲン化物が多い．このうち，高圧ガスは40％を占める．高圧ガスの中でも，特に危険性が高いシラン，ジシラン，ホスフィン，アルシン，ジボラン，ゲルマン，セレン化水素の7種

類は，平成3年特定高圧ガスに指定され，使用数量にかかわらず都道府県知事への届け出が必要となった．

特殊材料ガスは継ぎ目のない0.5～47Lの容器に充填されており，15種類のガス（表3・22のSbH$_3$, SF$_4$, H$_2$Teを除くガスと，SiH$_2$Cl$_2$, SiHCl$_3$, SiCl$_4$, SiF$_4$, BCl$_3$, WF$_6$）については最大充填量が決められている．おもな特殊材料ガスの性質を，表3・22に示す．

> ❶ 水素化物はいずれも可燃性で燃焼熱も大きく，爆発範囲も広いのできわめて危険性が高い．
> ❷ 金属アルキル化物は可燃性を有し，室温で空気に触れると自然発火する．
> ❸ ハロゲン化物は難燃性であるが，水と反応して腐食性のハロゲン化水素を発生する．
> ❹ 以上のほとんどのガスが，有毒である．しかし，工業的利用の歴史が浅いこともあって，毒性データが少ない．したがって，取扱うガスの性質に応じた配管への火炎防止器の設置やガス検知警報器の設置など，細心の安全対策が必要である．

表 3・22 特殊材料ガスの性質[†]

	化学式	融点〔℃〕	沸点〔℃〕	特殊高圧ガス	可燃性	毒性
ジボラン	B$_2$H$_6$	-165.5	-92.5	●	●	●
三フッ化ホウ素	BF$_3$	-127	-100	●		●
モノシラン	SiH$_4$	-185	-111.8	●	●	●
ジシラン	Si$_2$H$_6$	-132.5	-14.5	●	●	●
モノゲルマン	GeH$_4$	-165	-90	●	●	●
三フッ化窒素	NF$_3$	-206.6	-128.8	●		●
ホスフィン	PH$_3$	-133	-87	●	●	●
アルシン	AsH$_3$	-117	-55	●	●	●
スチビン	SbH$_3$	-88	-17.1		●	●
四フッ化硫黄	SF$_4$	-125	-40			●
セレン化水素	H$_2$Se	-65.73	-42	●	●	●
テルル化水素	H$_2$Te	-48	-1.8		●	●

[†] "改訂4版 化学便覧基礎編I"，日本化学会編，丸善（1993）による．

3・5・4　気体の漏れによるガス中毒と爆発

気体は多くの場合無色であり無臭のことも多いので，液体や固体試料を取扱う場合と比べて特に注意が必要である．気体に関する事故の多くは，容器からの気体の漏れによるものであり，ガス中毒（☛ 表3・23）や大気中に漏れた気体の爆発（☛ 表3・24）である．そこで，以下の注意が必要である．

> ❶ 空気の平均分子量29を目安にして，軽い気体は天井近くに，重い気体は床にたまりやすいので，実験室の換気を行う．
> ❷ 気温が高いときは試薬瓶から薬品の蒸気が漏れたり，開栓の際に蒸気が噴き出す恐れがあるので，試薬瓶を冷暗所で保管したり，室温を下げる．
> ❸ 高圧ガスボンベと減圧調整器の取付け部やガスの配管から気体が漏れることがあるので，接続部や配管などにせっけん水を薄く塗り泡の発生でガス漏れを事前にチェックする．（減圧調整器については ☛ §3・5・1）
> ❹ 高圧ガスボンベのバルブ（元栓）を開けるときは，減圧調整器のバルブを必ずしめておく．減圧調整器のバルブは通常のバルブと異なり，右に回すと開き左に回すとしまるようになっているので注意が必要である．減圧調整器は通常10 bar以下で使用する仕様になっているので，高圧をかけると破損する．
> ❺ ガス漏れを防ぐために，高圧ガスボンベを使用したのちは，必ず高圧ガスボンベのバルブと減圧調整器のバルブをしめておく．
> ❻ 有毒ガスを取扱ったり，有毒ガスの発生が予想される実験を行う場合には，防毒マスクの使用が望ましい．

ガス中毒には，長期間のガス吸引によるものと，突発的なガス漏れによる短期的なものがある．表3・23に示した化学物質の**許容濃度**は，健康な成人男子が1日8時間労働して，連日汚染した空気を吸っても健康に支障を及ぼさない許容限度である．化学実験では，試薬瓶を破損しガラス容器が割れ化学物質が飛散したり，高圧容器の不整備や誤操作で有毒ガスが漏れたりするような，短期的なガス吸引が多い．短時間暴露については，長期間吸引の許容濃度の3倍（30分以内）ないし5倍（瞬時値）まで許容されるが，一部のものについては15分以内の短時間に限定した許容値として，**短期暴露限界濃度**（STEL）が定められている．一方，急性中毒を起こすもので，短時間であってもある濃度を超えてはならない場合は，特にこれを**天井値**（C）という．

表 3・23 化学物質の許容濃度 [†]

化学物質	許容濃度 (ppm)	短期暴露限界濃度または天井値 (ppm)	化学物質	許容濃度 (ppm)	短期暴露限界濃度または天井値 (ppm)
アクリロニトリル	2	–	酸化エチレン（エチレンオキシド）	1	–
アクロレイン（アクリルアルデヒド）	0.1	STEL 0.1	シアン化水素 HCN	5	STEL 4.7
イソアミルアルコール（イソペンチルアルコール）	100	STEL 125	ジエチルアミン	10	STEL 15
イソブチルアルコール（2-プロパノール）	50	–	四塩化炭素 CCl_4	5	STEL 10
イソプロピルアルコール	400	STEL 400	シクロヘキサノール	25	–
一酸化炭素 CO	50	–	シクロヘキサン	150	–
エチルアセタート（酢酸エチル）	200	–	臭素 Br_2	0.1	STEL 0.2
エチルエーテル	400	STEL 500	硝酸 HNO_3	2	STEL 4
エチルベンゼン	50	STEL 125	シラン（四水素化ケイ素） SiH_4	100	–
エチルメチルケトン（メチルエチルケトン）	200	STEL 300	セレン化水素 H_2Se	0.05	–
エチレンジアミン	10	–	テトラヒドロフラン	200	STEL 100
塩化エチレン（1,2-ジクロロエタン）	10	–	1,1,1-トリクロロエタン	200	STEL 450
塩化カルボニル（ホスゲン）$COCl_2$	0.1	–	トリクロロエチレン	25	STEL 25
塩化水素 HCl	5	C 0.2	トルエン	50	–
塩化ビニル	2.5	–	二酸化硫黄 SO_2	–	STEL 5
塩化メチル（クロロメタン）	50	STEL 100	二硫化炭素 CO_2	5000	STEL 30000
塩素 Cl_2	0.5	STEL 1	ニトログリセリン	0.05	–
オゾン O_3	0.1	–	ニトロベンゼン	1	–
ギ酸	5	STEL 10	二硫化炭素 CS_2	10	–
キシレン	50	STEL 150	フェノール	5	–
クレゾール	5	–	1-ブタノール	50	C 50
クロロベンゼン	10	–	2-ブタノール	100	–
クロロホルム	3	–	フッ化水素 HF	3	C 3
酢酸	10	STEL 15	ヘキサン	40	–
三塩化リン PCl_3	0.2	STEL 0.5	ベンゼン	1	STEL 2.5
			ホルムアルデヒド	0.1	C 0.3
			メタノール	200	STEL 250
			ヨウ素 I_2	0.1	C 0.1
			硫化水素 H_2S	5	STEL 5
			硫酸ジメチル	0.1	–

[†] 許容濃度は2011年の日本産業衛生学会の勧告値から抜粋．許容濃度とは，健康な成年男子が1日8時間労働（昼休み1時間）して，連日暴露されても健康に支障を及ぼさない，作業環境中の有害ガスの時間加重平均濃度を意味する．一般に，短時間暴露についてはこの3倍（30分以内）ないし5倍（瞬間値）まで許容されるが，一部のものについては15分以内の短時間に限定した許容値として，**短期暴露限界濃度(STEL)** が定められている．一方，急性中毒を起こすもので，短時間であってもある濃度を超えてはならない場合は，特にこれを**天井値(C)** という．STELとCの値はACGIH (American Conference of Industrial Hygienists) の2009年勧告より抜粋した．

燃焼とは光と熱の発生を伴う化学変化をいい，普通は可燃物と酸素との化学反応によって起こる．他方，**爆発**とは急激な圧力の発生または解放の結果として，激しく，また音響を発して，破裂したりする現象である（☛ 表3・24）．爆発のなかでも特に激しい場合を**爆轟**（ばくごう）とよんでいる（☛ 表3・25）．爆轟では，ガ

表 3・24　可燃性物質の空気中の爆発限界（常温，常圧，vol%）[†]

可燃性物質	下限界	上限界	可燃性物質	下限界	上限界
メタン	5	15	アセトアルデヒド	4	60
エタン	3	12.4	アセトン	2.6	13
プロパン	2.1	9.5	ジエチルエーテル	1.9	36
n-ブタン	1.8	8.4	酸化エチレン	3.6	100
n-ペンタン	1.4	7.8	アニリン	1.2	8.3
n-ヘキサン	1.2	7.4	アセトニトリル	4.4	16
n-ヘプタン	1.1	6.7	アクリロニトリル	3	17
エチレン	2.7	36	ヒドラジン N_2H_4	4.7	100
プロピレン	2.4	11	塩化ビニル	3.6	33
アセチレン	2.5	100	水素 H_2	4	75
ベンゼン	1.3	7.9	一酸化炭素 CO	12.5	74
トルエン	1.2	7.1	アンモニア NH_3	15	28
シクロヘキサン	1.3	7.8	硫化水素 H_2S	4	44
メタノール	6.7	36	二硫化炭素 CS_2	1.3	50
エタノール	3.3	19	シアン化水素 HCN	5.6	40

[†] J. M. Kuchta, "Investigation of Fire and Explosion Accidents in the Chemical, Mining, and Fuel Related Industuies: A Manual", U. S. Bureau of Mines, Bulletin 680 (1985) より抜粋．

表 3・25　爆轟濃度限界（空気中，vol%）[†]

可燃性物質	下限界	上限界	可燃性物質	下限界	上限界
水素 H_2	15.5	64.1	n-ブタン	2	6.8
メタン	8.3	11.8	ネオペンタン	1.5	5.9
アセチレン	2.9	63.1	ベンゼン	1.6	6.6
エチレン	4.1	15.2	シクロヘキサン	1.4	4.8
エタン	3.6	10.2	キシレン	1.1	4.7
プロパン	2.5	8.5	n-デカン	0.7	3.5
プロピレン	2.5	11.5			

[†] 松井英憲，"燃料-空気混合ガスの爆轟濃度限界"，産業安全研究所報告，RR-29-3 (1981) より抜粋．

ス中の音速よりも火炎伝播速度の方が大きく，波面先端には衝撃波という切りたった圧力波が生じ，激しい破壊作用を生ずる原因となる．

たとえば，常温常圧で水素ガスが空気中に，体積で4％から75％までの濃度で混合した気体は，一部に火花などで点火すれば全体に火炎が広がるが，それ以外の組成の混合ガスでは火炎は広がらない．この低いほうの濃度限界を**爆発下限界**，高濃度の限界を**爆発上限界**とよび，この範囲を**爆発範囲**または**爆発限界**という．

3・6 寒　剤

3・6・1 寒剤の使用

● 換気は十分に

一般に寒剤として使われるのはドライアイス〔昇華点: 194.65 K（−78.5 ℃）〕，液体窒素〔沸点: 77 K（−196 ℃）〕および液体ヘリウム〔沸点; 4.2 K（−269.0 ℃）〕である．いずれも大気圧における昇華温度や沸点が室温より低いことを利用する．これらの相変化によってどの場合も大量の気体が発生する．たとえば，液体窒素の体積と室温の窒素ガスの体積の比は約700倍である．どの気体も毒性自体は高くないが，窒息の危険がある．閉め切った部屋での使用は禁物である．酸素濃度警報機を設置するのも一案である．ちなみに空気中の酸素量が18％未満の状態を酸素欠乏という（通常は21％程度）．6％以下では一瞬で失神する．

● 凍傷に注意

寒剤はもちろん，寒剤で冷却された機器に触れることによっても凍傷が発生する．革手袋などの保護具を使用する．ドライアイス-メタノールや液体窒素のような低温液体の取扱いでは，事故の際に低温液体が染み込んで長時間にわたり低温となるので，軍手などの織物の手袋は原則として使用してはならない．

● 機器の破損

急激な冷却・加熱は異種材料の熱膨張の差から機器の破損を招くことがある．実験操作上，急冷・急熱が必要な場合は，実験指導者に相談したり文献調査を行い，それに耐える試料容器を選ぶ．

ドライアイスは木槌などで砕いて使う．大きな固まりを魔法瓶などに投げ込むと魔法瓶が破損する．

● ガラスのデュワー瓶

ガラスのデュワー瓶（魔法瓶）は上部の口の部分だけで内側の瓶がつり下げられ，断熱のため内部は真空である（☛ 図3・8）．このため口の部分には常に大きな力がかかっており破損しやすい．液体窒素の移し替えなどではゆっくりと（30秒程度はかける）口の部分を冷やしてから注ぎはじめる．また，高さが1mもあるような大きなガラスデュワー瓶は原則として傾けてはならない．なお，金属の外套のある小さな魔法瓶の場合，傾けたときに外套から魔法瓶が抜け落ちることがある．魔法瓶の一部に指をかけていると落下による破損を防ぐことができる．

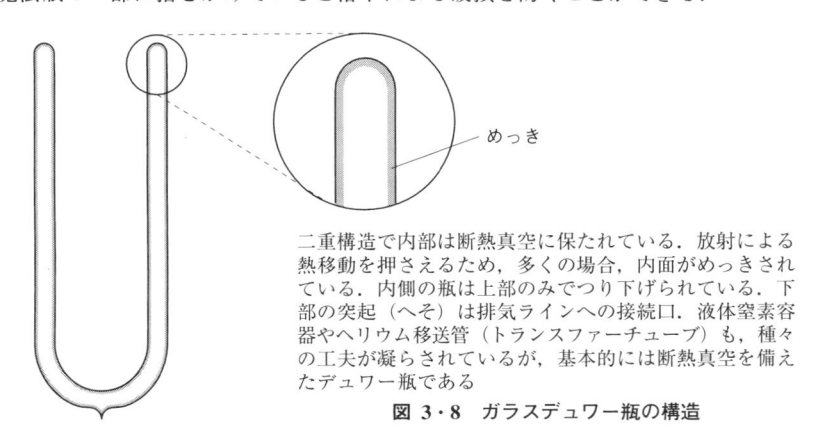

二重構造で内部は断熱真空に保たれている．放射による熱移動を押さえるため，多くの場合，内面がめっきされている．内側の瓶は上部のみでつり下げられている．下部の突起（へそ）は排気ラインへの接続口．液体窒素容器やヘリウム移送管（トランスファーチューブ）も，種々の工夫が凝らされているが，基本的には断熱真空を備えたデュワー瓶である

図 3・8　ガラスデュワー瓶の構造

● 液体窒素による空気の液化

酸素の液化温度（90 K）は窒素の沸点（77 K）より高いので，空気が入り込むと液化が起こる．優先的に窒素が蒸発するため保管中にしだいに酸素の濃度が上昇する．このため，開放系で長期間保存した"液体窒素"は大量の液体酸素を含み，有機物との接触で爆発的に反応する可能性がある．液体窒素は必要量をくみ出し，短期間で使い切る．

なお，真空ラインに大きな漏れがあると，当然，液体窒素トラップに液体空気がたまる（☛ §4・3・1）．

> **事故例 3・8**　低温保存の必要がある試料を保管した冷蔵室で停電があり，低温を保つために冷蔵室内で液体窒素を床にまいた．冷蔵室は気密性が高いので空気中の酸素濃度が低下し，2名が死亡した．

3・6・2 くみ出し・保存・移動
● 寒剤のくみ出し・移送
　液体窒素のくみ出しや液体窒素,ヘリウムの移送中は現場から離れてはならない.容器からあふれ出た寒剤はその場で気化するので,自分だけでなく周囲の人も窒息の危険にさらすことになる.必要量をくみ出したらすぐにバルブを閉じる.

　空気中の水分が凝集・凍結してバルブが回らなくなることがある.梅雨の時期など湿度が高い場合は,くみ出しを始める前にヘアドライヤーなどを用意しておかなければならない.凍りついた場合は,無理にバルブを操作せず解凍してから操作を行う.

　大きな(容量30 L以上)の容器の移動は2人以上で行うことが望ましい.エレベーターを使う場合は,寒剤容器が移動しないように固定しなければならない.専用エレベーターがない場合にも,寒剤と同乗してはならない.エレベーターの客室の内部や各階の出入り口に,液化ガスとの同乗を禁止する表示を掲示するのが望ましい.

● 汲み出しバルブの操作
　万一の事故に際し,動転して回転方向が分からなくなってバルブを破損する危険があるので,バルブは液体窒素のくみ出し時にも完全に(それ以上回らなくなるまで)全開してはならない.バルブを閉じた状態では"動かない",開いた状態では"動く"状態に保つように習慣付けるとよい.

● 寒剤容器の取扱いは慎重に
　液体窒素容器の構造は,基本は大きな金属製デュワー瓶である(☛ 図3・9 a).内側の容器は小数の(熱伝導が小さい)支持具によってのみ支えられている.横転などの強い衝撃によって支持具が破損して内側の容器が外壁に接したり断熱真空が壊れると大量の気体が一気に発生する.慎重な取扱いが必要である.

● 液体窒素による空気の液化と水の凝結
　酸素の液化温度は窒素の沸点より高いので,空気が入り込むと液化が起こる.優先的に窒素が蒸発するため保管中にしだいに酸素の濃度が上昇する(前述).また,空気中の水蒸気の凝結によって蒸発気体の流路が塞がることがある.こうして閉鎖系ができると内部の圧力があがりやがて爆発に至る.したがって,液体窒素など低温液化気体の保管には,蒸発した窒素ガスが外部へのみ流れるよう弁を設けることが望ましい.

3・6 寒　　　剤

● **液体ヘリウムの突沸と超伝導磁石のクエンチ**

　液体ヘリウムの移送（トランスファー）で突沸が起きることがある．回収ラインの容量を超えると大気中に大量の気体が放出されるので，移送管を抜いたりして突沸を止める努力をする．だめなときは換気のよい場所へ避難する．NMR（核磁気共鳴装置）などの超伝導磁石のクエンチ（超伝導が壊れる現象）はいったん始まると止める方法がない．寒剤容器内の液体ヘリウムが一気に気体になるので，換気のよい場所へ避難する．いずれの場合も，ヘリウムガスは軽いので，上の階に避難の通報をしなければならない．

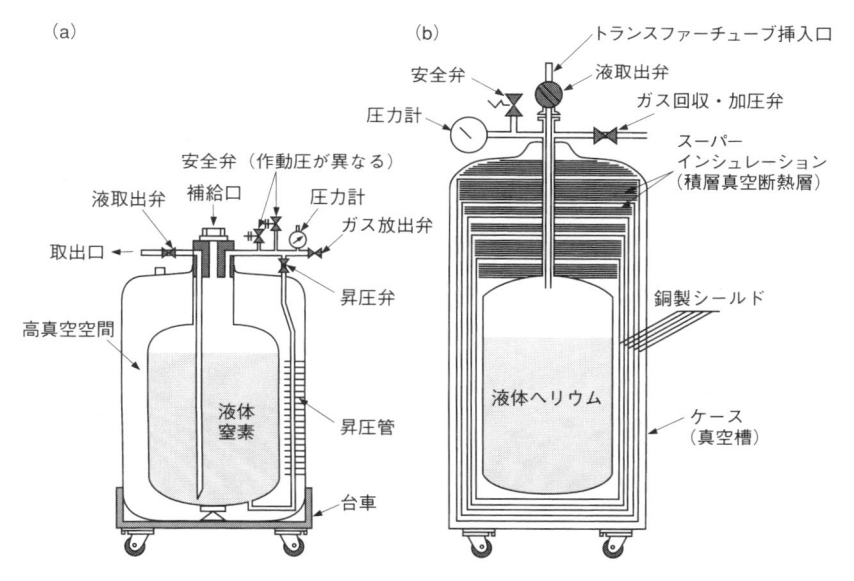

(a) 自加圧型液体窒素容器．昇圧管は外壁と（熱的に）接触している．昇圧弁をあけると昇圧管内に液体窒素が流れ込み気化するので，ガス放出弁を閉じていると容器内の圧力が上昇する．この状態で液取出弁をあけると液体窒素をくみ出すことができる．くみ出しが終わったら，昇圧弁を閉じ，ガス放出弁を開けて大気圧に戻す．ガス放出弁は原則として常時解放であるが，空気の侵入を防ぐ逆流防止弁を設けるのが望ましい．(b) ガスシールド型液体ヘリウム容器．気化したヘリウムのエンタルピー変化を利用して多数の銅製シールド板を冷却し，放射熱の流入を抑えている．液体ヘリウム容器には，内側から液体ヘリウム，断熱真空，液体窒素，断熱真空という四重構造をもつものもある

　図 3・9　寒剤容器の構造［"物理化学実験法"，第 4 版，千原秀昭，徂徠道夫編，p.325，p.327，東京化学同人（2000）による］

4. 実験装置と実験操作

4・1 電気に関する災害と注意

● 容量以内で使う

　コンセントや実験用電源には定格電流容量がある．コンセント・電源に接続する機器の消費電力の合計から予想される電流を定格電流容量以下に抑えることは，安全確認の最低限の要請である．なお，モーターや白熱電球など電源投入時に定格電流よりはるかに大きい電流が流れる機器もある．繰返しブレーカーが落ちるような場合は，この点も考慮しなければならない．

　たこ足配線は，消費電流の把握を難しくするうえに，接続部分を増やすので，避けることが望ましい．

　定格電流容量は，通電で発生するジュール熱によって回路を構成する電線などが過熱しない電流の目安である．したがって，大量にケーブルを束ねて放熱をさまたげると定格電流容量以下でも過熱する．また，電線を無理に折り曲げたりすると局所的に電気抵抗が大きくなって，その部分で過熱することもある．

● 接続は確実に

　接続プラグはコンセントに確実に奥まで差し込まなければならない．不完全な接続は，スパチュラなどの金属製異物が接触することによって感電や電気火花の発生をもたらすだけでなく，接触（電気）抵抗の増大による過熱，ひいてはそこにたまったほこりなどの発火事故をひき起こす．

　ほこりに対する対策としてはプラグカバーも市販されているが，接続状況が一目で確認できなくなるという欠点もあるので，接続状況の点検を怠ってはならない．

　薬品を使う実験室ではプラグの金属表面が薬品蒸気に侵されて接触が不完全になることがある．表面の金属光沢が確認できる状態になるよう，定期的に磨く必要がある．素手で触れないほどプラグが熱くなるときは，ただちに使用を中止し，プラグ内部の接続を確認しなければならない．

● 静電気と電気火花

　放電による電気火花は火事の原因となる．不用意な短絡などは厳に慎まなければならない．機器間に電位差があると接続時に放電の危険がある．これは，機器を接地することで防ぐことができる．

　爆発性・引火性の物質・薬品を使用する実験室では防爆タイプの機器を使わなければならない．電気火花が日常的に（正常な動作において）発生する部位としてはスイッチ，モーターのブラシ，バイメタルを用いた温度調節器などがある．真空ポンプのモーターや冷蔵庫，乾燥器だけでなく，電灯のスイッチなどにも対策が必要である．

　摩擦によって生じる静電気は，電気量（電荷の量）はわずかであるが，電位差は数万Vに達し，放電によって電気火花を生じる．静電気の発生しやすい合成繊維のセーターは避けるなどの注意が必要である．また，静電気で帯電した状態で粉末試薬を取扱うと飛散することもある．液体の薬品も摩擦によって帯電することがある．爆発性の薬品は容器を接地して放電を済ませてから開封しなければならない．

● 感　電

　種々の機器の電源として商用電源（100 Vまたは200 Vの交流）を用いるほか，実験の種類によっては数kV程度に昇圧していることもある．100 Vでも致命的な感電事故が起き得ることを忘れてはならない（表4・1を参照，100 Vで20 mA以上の電流が人体中を流れる）．皮膚の表面状態によって被害が大きく異なるので，ぬれた手での電気機器の操作は絶対に避けなければならない．

表4・1　電流の大きさと影響[†]（通電時間1 sの場合）

	交流（15～100 Hz）	直　流
最小感知電流	0.5 mA	2 mA
電極からの自力離脱不能	10 mA	―
苦痛を感じる	<15 mA	<35 mA
5％の人が心停止などを起こす	>50 mA	>150 mA
50％の人が心停止などを起こす	>80 mA	>190 mA

　†　IEC 60479-1をもとに作成．

機器の接地を完全にして不要な電位差を解消しておかなければならない．接地にガス管を使うことは厳禁である．機器間の接続や試料のセット時に可能であれば機器の電源を切り，他人が不用意に電源を投入しないよう表示するようなことも有効である．

大電流で感電すると被害者は自力で電極から離脱することが不可能になる．救助にあたっては救助者が感電しないように電源を切ることが先決である．

● 停　　　電

停電時には，一部の機器（油回転ポンプなど）では直接的に適切な対処が必要となるが，停電からの復帰時の事故の防止にも配慮しなければならない．特に，機械類は復帰に伴う通電と同時にひとりでに動き出す危険があるから，停電が発生したらただちに機器のスイッチを切らなければならない．

● 落　　　雷

大学などの建物では避雷針などが設置されているのがふつうであり，屋内にいる限り落雷に直接あうことはない．しかし，送電線への落雷により瞬間的に大電圧がコンセントにかかったり，瞬間的な停電が起きることは珍しくない．雷が鳴り始めたらコンセントから機器を切り離すのが望ましい．

人体中の電気伝導

International Electrotechnical Commission（IEC）によれば（IEC 60479-1），人体の電気伝導には強い非線形性（オームの法則からのはずれ）がある．数 V 程度の印可電圧で測定した人体のインピーダンスはふつう数千 Ω あるが，100 V では約半分に，より高電圧では数百 Ω になる．また，皮膚の表面状態にも敏感で，電解質溶液でぬれた状態では約半分になる．感電による被害の大きさは電流，持続時間，電源周波数，体内の電流経路などに依存する．電流については表 4・1（p. 57）を参照のこと．商用電源程度の交流（50/60 Hz）は心室細動（感電による死亡の主因）をひき起こしやすく，直流より数倍危険度が大きい（表 4・1）．同様に，危険度は電流経路にも大きく依存し，心臓を直撃すると危険である．たとえば，左手から足へ電流が流れる場合にくらべ，左手から右手（またはその逆）に流れる場合は 2 倍以上危険である．

● 火　事
　電気は漏電などによって火事の原因となるだけでなく，消火活動においても被害をひき起こすことがある．消火のための放水によって漏電が発生したり，それによって感電事故も発生するので，火事の際には該当する箇所の電源供給を遮断するのが望ましい．高電圧が予想される箇所の消火では放水や消火器の噴射によって感電することもある．消火器具・消火器を接地するのが有効といわれている．

4・2　ガラス器具・ガラス細工

　ガラスは加工がしやすいので，さまざまな形の実験器具を作成できること，また透明なので内部の観察が容易であることから，大半の実験器具に用いられている素材である．フッ化水素酸や強アルカリ以外の，実験室で用いられるほとんどの試薬類に対して安定であり，他の素材では得られにくい性質をもつ．しかし，機械的強度が弱いので，破損した器具による事故が多いのもまた事実である．この節ではガラス機具類の取扱いとガラス細工時の注意について説明する．

4・2・1　ガラス器具
　ガラス器具類を取扱う際の注意点を以下に述べる．

A　耐　熱　性

● 急冷・急加熱は危険　　ガラスはその成分の違いから軟化点や線膨張率が異なる．現在入手が容易なガラスの特性を表4・2に示す．石英ガラスは線膨張率が小さく急冷・急加熱に耐えるが，ホウケイ酸ガラス（パイレックス）やソーダガラス（硬質ガラス）は線膨張率が大きいので，割れてしまう．

表 4・2　各種ガラスの特性

	軟化点 [℃]	線膨張率 [10^{-7} cm K^{-1}]	最適加工温度 [℃]
ソーダガラス	200	92	450～500
ホウケイ酸ガラス	820	33	750～1100
石英ガラス	1580	5.6	1750～1800

● ガラスのひずみに注意　　ガラスに肉の厚いところと薄いところがあると熱の伝わり方が異なり，均一に加熱されずひずみが生じて割れやすい．ガラス細工で

接合する場合は同じ種類のガラスを用い，できるだけ厚みを均一にするよう心掛ける．

B 機械強度

ガラスの機械的な強度は弱く容易に破損する．またその破片は鋭利であるためけがなどを起こしやすいので取扱いには十分な注意が必要である．実験の内容をよく吟味し，ガラスに要求される機械的強度を考慮して使用するガラス器具を選定すべきである．

- **器具のひび，傷，ひずみをチェック**　ガラスはひび，傷，ひずみがあると，加熱・冷却により破損する場合がある．実験を始める前に使用する器具を点検し，ひび，傷などがある場合は器具を交換する．
- **加圧実験か？**　実験系が加圧になる場合，必要に応じて耐圧ガラス器具を用い，保護・防護の適切な処置を講じる．
- **器具の形状**　ガラス器具の形状も機械的強度に大きく関係する．三角フラスコや平底フラスコは丸底やナス型の球形の底の器具に比べて内部の減圧に対して弱く破損する恐れがあるので減圧では使用してはならない．
- **ガラスどうしの接触**　ガラスどうしの接触は，ガラスの破損をひき起こす場合が多い．フラスコ内部に固着した試料をガラス棒でこすり取るときなどは注意が必要である．

❏ ゴム栓・コルク栓・チューブとの接合

化学実験においては，ゴム栓やゴム管とガラス管を接合する際にガラス管が折れ，けがをするケースが非常に多い．これらの接合時の注意を以下に述べる．

- **握りしめない**　ガラス管をゴム栓などに差し込むときに，図4・1のように5本の指でガラス管をもつと，ガラス管に対して直角方向に力がかかり，それぞれ×印の所でガラス管が破断する．ガラス管は，親指，人差し指，中指の3本指

ゴム栓の付け根での破損　　　　　中指，薬指が押す位置での破損

図 4・1　ガラス管の破損

で保持し，薬指，小指がガラス管にかからないようにする．
- **潤滑剤の使用**　3本指の保持でゴム栓などに接合しようとしたとき，ガラス管が指の間で滑るようであれば，ガラス管に対して穴の径が小さい．このようなときは，穴をヤスリで広げるか潤滑剤を使用する．潤滑剤としては，水，アルコール，グリセリン，ヘキサン，トルエンなどを用いることができる．実験系に合わせて適宜選択する．潤滑剤を用いると，用いないときの半分程度の力で挿入できる．
- **手と手の間隔は 2 cm 以下**　ガラス管をもつ手とゴム栓などをもつ手の間隔が広いと，ガラス管が破断したときのけがの程度も大きくなる．両方の手の親指の間隔が 2 cm 以下になるようにする．また，可能な限りケブラー製の保護手袋を着用する．
- **ガラス管を抜くときの注意**　ガラス管を挿入するときは気をつけていても，抜くときの危険性が軽視され，けがをすることが以外に多くみられる．ガラス管を抜くときも3本指でガラス管を保持し，静かにガラス管を回転させる．指の中で滑るときは，ゴム栓やゴム管をもむようにしてゴム栓とガラス管の間に隙間をつくり，そこに水やヘキサンを少量滴下し，再びゴム栓をもんで隙間にしみ込ませる．それでもとれないときは，ゴム栓やゴム管をナイフで切り裂く．

C 耐食性

ガラスはほとんどの化合物に対して使用可能であるが，フッ化水素酸には侵される．また強アルカリとも徐々に反応する．ガラスに固着してとれないものを分解するためにアルカリを用いるケースでは，気づかないうちにガラスが侵されて肉薄になっていることがあるので，注意を要する．

4・2・2　ガラス細工

ガラス細工を行う際の注意点を以下に述べる．
- **細工する器具内部の気体を逃がす**　ガラス細工時における重大な事故は，溶媒蒸気などの可燃性気体が入っている容器をバーナーなどで加熱したときに起こる引火爆発である．フラスコなどの器具を修理する前に洗浄し，有機溶媒などでリンスしたものは，一見乾いているようにみえても内部が溶媒蒸気で満たされていることがあり，危険である．溶媒蒸気の混入が考えられるときは一度真空にして空気を入れるなど，内部気体の置換を心掛ける．

- **細工部の温度に注意**　ガラスはバーナーから出すとすぐに透明になり，見た目に温度がわからなくなる．不用意に熱い細工部にさわりやけどを負うことは，頻繁にみられる事故である．細工したところを自分に向けて置かないなど，細工した箇所がつねに把握できるようにする．
- **吹き破りに注意**　ガラス管の途中に穴をあける場合，ガラス管の一部を熱し，口で吹いてふくらませるが，このとき急激に吹くとガラスが破裂し，非常に細かいガラス片が飛散する．これはガラスの加熱が足りないことが原因で，少し吹いてもふくらまないときはもう一度加熱する．また，ガラスは吹き破らず，ふくらませるにとどめ，ふくらんだ箇所を廃ガラス容器などの上でヤスリなどを用いて穏やかに砕くこと．また，このときもガラスの飛散に注意し，防護眼鏡を着用すること．
- **ガラス管の保管状態**　よくガラス細工台の横にガラス管を束ねて立ててあるが，立ててあるガラス管が通路の方に向いていると非常に危険である．透明なガラスは視認しにくく，思わぬ事故をひき起こす．誤って転倒し，通路上に出ていたガラス管が腹部に突き刺さった事故例もある．ガラス管を保管する場合は棚の中に寝かせて保管するのが最もよいが，やむを得ずたてる場合はガラス管が通路上に出ないよう，壁側に立てかけて保管する．

4・3　真空機器と真空ライン
4・3・1　真空機器による事故の防止

　化学実験に使われる真空機器は真空系と排気系（ポンプなど）からなる．これらが原因になる事故の大部分は寒剤を用いたトラップの利用に関係している．はじめにこれについて述べる．一方，真空機器と本質的には関係しないともいえるが，ポンプの可動部に関係した事故もあるのでこれについても一般的注意を述べる．

- **窒素トラップは漏えい試験のあとで**　残存気体を凝集して真空度を上げるために液体窒素トラップを用いるが，真空系に漏れがないことを確認してから窒素を満たす．真空系の排気能力を超える大きな漏れがあるとトラップ内に液体空気がたまりたいへん危険である．
- **窒素トラップは真空系を密封しないで取り外す**　液体窒素温度以下の低温で密封した真空系の内部には，漏れによって進入した空気や不活性気体として使用

したアルゴンが液化したり，ドライアイスが凝固している可能性がある．この状況で密封したまま昇温すると，急激な気化によって真空系が爆発する．したがって，昇温が必要なときは，十分な能力をもった排気系に流路を確保し，ゆっくりと昇温する．窒素トラップの場合はゆっくりとデュワー瓶を取り外す．窒素トラップからデュワー瓶を取り外したあとの操作は実験の種類によりさまざまな場合があるが，トラップが室温付近に戻るまで排気を続けるか，液体空気がたまっていないことを確認したらすばやく大気圧に戻すのがよい．§3・6も参照のこと．

● **可動部への巻き込み**　油回転ポンプなど駆動部がむき出しのものでは，衣服の袖などが巻き込まれる危険がある．作業着を着用するなどの対策を講じる．

4・3・2　真空機器を壊さないために

たとえ安全に関係しなくとも実験機器を破損することも事故である．真空ポンプは汎用の機器として使われるので，ここではポンプ使用上の注意と，停電事故などに際しポンプが原因となって他の機器を破損する可能性について述べる．

● **回転ポンプ**　油回転ポンプは油で満たされた容器の中で回転子（ローター）を回転させて排気を行う．油は回転部の潤滑油と真空シールの両方の役割を兼ねている．このため，回転していない状態では油が真空系に逆流することが多い．粘性が大きいので逆流速度は遅いが，逆流すると真空ラインを汚染する．このため，運転を終了したら吸気側を大気圧に戻さなければならない．停電の場合は，直ちにスイッチを切り，吸気側を開放する．油の逆流が問題にならない数分程度の停電では問題が起きることは少ない．

● **拡散ポンプ**　拡散ポンプはオイル（または水銀）を加熱して生じた蒸気をノズルから超音速流として噴出させ，排気されるべき気体分子に運動量を与えて排気を行う．噴出した蒸気はポンプの側壁で冷却し液体として回収する．ノズルから吹き出す蒸気が超音速流になるには10 Pa程度の真空が必要なので，油回転ポンプなどの補助ポンプなしにはポンプとしてはたらかない．また，空気が大量に入った状態でヒーターに通電するとオイルが劣化するので，あらかじめ真空系全体を補助ポンプで排気してから運転を開始（ヒーターに通電）する．ヒーターに通電開始後30分程度でポンプとしてはたらきだす．

冷却がうまく行われないとオイルが劣化したり，オイルの蒸気が補助ポンプで排気されてしまう．水冷型の場合は冷却水の流量を監視する安全装置を使うのがよい．圧力センサータイプのものは冷却管が詰まっても検知しないので好ましくない．運転停止後，オイルが冷めるまで冷却を続ける必要がある．停電時にはポンプとしての機能は停止するが可動部がないため，真空度の低下以外に問題は起こさない．

● **ターボ分子ポンプ**　ターボ分子ポンプでは高速で回転する羽根車と固定羽根車を組合わせて排気を行っている．気体分子どうしの衝突を無視できるような状況で作動するので，油回転ポンプなどの補助ポンプなしにはポンプとしてはたらかない．大気の突入によって回転羽根車が壊れるので，バルブ操作などに十分注意を払う．羽根車の高速回転を制御するコントローラーにマイクロコンピューターが内蔵されているのがふつうで，回転ポンプ，拡散ポンプと違って瞬間的な停電でも運転を停止することがある．

4・4　脱水・乾燥

化学実験ではごくわずかの水分も実験に悪い影響を及ぼす場合が多く，溶媒や試薬の脱水操作はつねに必要である．溶媒に含まれる微量の水分は，たとえ低濃度であっても絶対量が多いことから，反応させる試薬にとって無視できない量が存在することが多く，しばしば反応の進行を妨害したり，精製時にも悪影響を与える．したがって，化学実験を行う際の脱水・乾燥に対する注意は，用いる溶媒や試薬にとどまらず，大気湿度や器具表面に吸着した水分にまで行き届くのが当然である．

4・4・1　乾燥剤選択の基本原則

❶　乾燥剤と接する試薬類が乾燥剤と化学的に反応しないこと．
❷　中性の物質の乾燥には中性の，酸性物質には酸性の，塩基性物質には塩基性の乾燥剤をそれぞれ用いる．
❸　吸湿速度や能力は低いが吸水量が多い乾燥剤と，吸湿速度は速く強力であるが，吸水量の少ない乾燥剤を使い分ける．
❹　物理吸着による乾燥と化学反応による乾燥の違いを認識して使用する．

4・4・2 液体の乾燥手順

以下に述べる手順は，試料の含水量が目で見てわかるレベルから ppm オーダーまで段階的に並べてある．必要とする乾燥度に応じて，物理吸着による乾燥（数％程度）から化学反応による脱水（1％以下や完全脱水）まで，適宜選択するとよい．また，これから乾燥しようとする試料の含水量に合わせて，適宜適当なステップから操作を開始すればよい．

❶ **物理的分離**　分液，蒸留，蒸発，熱乾燥など
❷ **物理吸着による乾燥**　液量の 1/20 ～ 1/30 程度の固体乾燥剤を直接液中に加え，ときどき振り混ぜながら数時間から一晩放置する．スターラーを用いてゆっくりとかくはんするのもよい．

　［乾燥剤の例］
　　中性の乾燥剤
　　　Na_2SO_4，$MgSO_4$，$CaSO_4$，$CaCl_2$，モレキュラーシーブなど：ほとんどの化合物に適用可能
　　塩基性の乾燥剤
　　　KOH，NaOH

乾燥剤が乾燥する液体と反応しないよう十分に検討すること．

❸ **化学反応による脱水**　化学反応型乾燥剤は大量に水分があると，水分との反応熱で発火・爆発することもあるので前段の予備乾燥を十分に行うこと．水素化アルミニウムリチウムやナトリウムなどのアルカリ金属は水分ときわめて激しく反応するので，発火の危険性が高い．乾燥終了後の余った乾燥剤は，トルエンやデカリンなどの不活性な溶媒で希釈したあとに，穏やかにかくはんしながらメタノールを徐々に滴下し，分解して廃棄する．

　［乾燥剤の例］
　　水素化カルシウム，水素化アルミニウムリチウム，金属ナトリウム，
　　ナトリウム・カリウム合金など

❹ **モレキュラーシーブによる脱水**　モレキュラーシーブ（分子ふるい）は乾燥作用としては物理吸着に分類されるが，その乾燥能力はきわめて高い．基本的に中性と考えてよく適用範囲も広いが，完全な脱水には時間がかかる．モレキュラーシーブは，その孔径が異なるものが市販されており（3A，4A，5A），3A が

一番孔径が小さい．水の吸着には 3A を用い，低級アルコールの吸着まで含むときは 4A，5A を用いる．モレキュラーシーブを用いるときはあらかじめモレキュラーシーブを真空中 200 ～ 250 ℃で 12 時間程度加熱し，活性化しておく．このように活性化したモレキュラーシーブの脱水能力は強力なので，水分が多量に含まれている溶媒では吸着熱で発火することもあり，活性化モレキュラーシーブの取扱いは化学反応型乾燥剤に準ずる．たとえば，種々の乾燥剤と反応することと水と任意の割合で混合することから完全に脱水することが困難なアセトンは，水素化カルシウムによる予備乾燥のあと，真空蒸留で活性化モレキュラーシーブ上に移送し，1 週間程度静置することで含水量数 ppm 以下にまで水分を下げることができる．

4・4・3　固体の乾燥

試料の状態・性質と求められる乾燥度に応じて，以下の手法を適宜組合わせて用いる．

- **風　乾**　　大気中に放置して，自然乾燥させる．大量（数グラム以上）の試料を大雑把に乾燥させるのによい．少量（グラム以下）の固体であれば，重ねた沪紙の間で押さえつけたり，素焼き板にスパチュラで押さえることでだいたい乾く．
- **デシケーター**　　乾燥させる試料をシャーレのような口の広い容器に薄く広げ，デシケーターに入れる．デシケーターに入れる乾燥剤としては，塩化カルシウム，シリカゲル，五酸化リン，濃硫酸，水酸化ナトリウムなどが用いられる．水分ではなく吸着した有機溶媒を乾燥させるには流動パラフィンやワセリンを乾燥剤として用いる．
- **真空デシケーター**　　あらかじめ真空漏れがないかチェックすること．また，減圧にはロータリーポンプを用い，減圧後コックを閉じて放置する．ある程度時間がたったら再びポンプで減圧し，この操作を繰返す．減圧されたデシケーターを常圧に戻すときは，コックの先端に沪紙を押し当ててコックを開くと急激な空気の流入による試料の飛散を防ぐことができる．破損時にガラスが飛び散る危険を防ぐために，真空デシケーターには透明ビニールテープを巻き付けたり，防護ネットをかぶせて用いること．

4・4・4 気体の乾燥

　気体の乾燥は適当な乾燥剤を詰めた装置内を気体がゆっくりと通過するようにして行う．一般には洗気瓶中に濃硫酸を入れたり，U字管に適当な乾燥剤を入れて気体を通じる．濃硫酸などの液体乾燥剤に気体を導入するときにはガス圧が必要であり，また逆流を防止するためトラップを設けること．固体の乾燥剤の場合は気体に乗って乾燥剤の微粉末が散らないようガラスウールでしっかりと止めておく．また，乾燥剤が吸湿して固まるので，ガスの通過が止まらないように注意する．

　一般の気体に用いられる乾燥剤は，塩化カルシウム，水酸化ナトリウム，水酸化カリウム，シリカゲル，五酸化リン，濃硫酸などであるが五酸化リンは飛散しやすいのでガラスウールにまぶして用いるなど注意すること．

4・4・5 器具類の乾燥

　大きな器具類は風乾することが多いが，加熱乾燥器を用いたほうがよい．ただし，乾燥温度が高い場合，精密ガラス器具（秤量容器，UVセルなど）を痛めることがあるので，そのような器具は加熱してはならない．口の狭い容器では，一見乾いたように見えても内部に飽和水蒸気や洗浄溶剤が残っていることが多い．加熱乾燥後，一度真空にし，乾燥窒素や乾燥空気などで置換する．さらに厳密な脱水条件下での実験では，完全に乾燥した使用溶媒で使用する器具（フラスコ類やシリンジなど）内部を洗ったのち，真空下でヒートガンなどを用いてベーキングし，不活性ガスを導入し実験に用いるとよい．

4・5 加熱・還流・蒸留・濃縮

4・5・1 加　熱

　室温以上で反応を行う場合には何らかの手段で加熱する必要がある．必要とする温度領域に応じて適切な加熱器具を選択する．アルコールランプやバーナーなどの裸火は，有機化合物を取扱う際には引火の危険性があるため，使用してはならない．基本的には電気で加熱するパイプヒーターなどを用いる．電気加熱であってもサーモスタットやスイッチの火花で引火することがあるので，溶媒蒸気もれにはくれぐれも注意すること．また，反応熱で反応が暴走し制御できなくなることがあるので，直ちに加熱装置を取り外せる工夫が必要である．たとえば，加熱装置をジャッキの上に乗せるようにすること．

加熱器具の特徴と取扱の注意点を以下に述べる．

- **ウォーターバス**（水浴）　　室温〜90℃．水を入れる容器に電熱コイルが装着されている．水の沸点は100℃であるが，実際にはバスが沸騰していても加熱容器を90℃以上に加熱することは困難である．高い温度で使用するときは，水の蒸発で空だきになってしまう事故が多く，水の補給を怠らないこと．
- **オイルバス**（油浴）　　室温〜250℃．オイルを電熱コイルで加熱する．最高使用温度は用いるオイルの種類によって異なる．大豆油や白絞油を用いるときは180℃まで，それ以上温度を上げたいときは耐熱性のシリコーンオイルを用いる．粘度の高いオイルは対流速度が遅いので，ガラス棒やスターラーを使ってオイルをかくはんしないと均一に加熱できない．
- **ドライヤー・ヒートガン**　　電熱線で加熱した空気をファンで吹き付ける形式のもの．研究用のヒートガンは，一般のヘアドライヤーと形は似ているが，500℃以上の熱風を出す能力をもつものもあり，思わぬやけどをすることがある．また，これらの器具は電熱線で直接空気を加熱しており，バーナーなどの裸火と同じく引火する可能性がある．
- **ヒートブロック**　　融点測定などの目的で〜300℃程度までの加熱に用いる金属製のブロック．温度の上昇を確認しながら，バーナーなどで加熱して用いる．強加熱したあとは室温まで下がるのに予想以上に時間がかかる．見た目で熱いかどうかの判断はできないので，不用意にもってやけどなどをしないように注意すること．

4・5・2　還　流

加熱して反応させる際に，溶媒の蒸散を防ぐために，加熱容器上部に冷却管を接続して蒸発した溶媒を反応容器に戻す手法（図4・2）．

還流時の注意を以下に述べる．

- **密閉禁止**　　つぎの蒸留もそうであるが，密閉した系で反応容器を加熱してはならない．容器内部が高圧になり，接続部分が飛んだり，容器の破裂が起こる．
- **穏やかな加熱**　　水浴や油浴を用いて，穏やかに溶媒が沸騰するように温度を調節する．具体的には溶媒の沸点+10℃（ウォーターバスの場合）から+15℃（オイルバスの場合）程度に設定する．沸騰石を入れるか，スターラーにより反応溶液をかくはんし，突沸を防ぐこと．

● **空気や水分に不安定な化合物**　空気中の酸素や水分とさえ反応する化合物（硫黄，窒素を含む官能基や不飽和結合をもつ化合物など）の還流には，冷却管の上部にT字管をつけ，窒素ガスやアルゴンガスをゆっくりと流す．不活性ガスを大量に流す必要はないが，常に流れていることが確認できるようバブラーなどを取付ける．このときガスを冷却管下部から上部に抜けるようにするとガスに乗って溶媒が放出されてしまい，還流にならない．

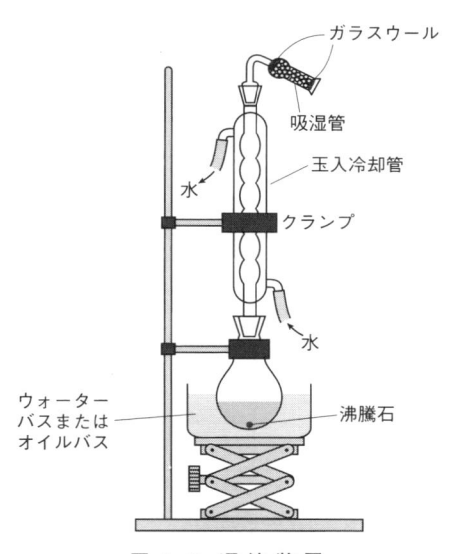

図 4・2　還流装置

4・5・3　蒸留・濃縮

化合物を加熱して蒸気にし，蒸気を冷却することによって液体として順次取出し，精製する操作のことをいう．沸点が異なる混合物の場合は，沸点の違いを利用して分離することが可能であり，これを分留という．

A　常圧蒸留

大気圧下で沸点が100℃程度までの化合物を蒸留するときに用いる手法（図4・3）．沸点が高い化合物を常圧で蒸留すると熱分解が起こる場合があるので，その場合はつぎの減圧蒸留を行う．吸湿性あるいは空気中の酸素と反応する物質の場合は

還流の場合と同様にT字管を用いて不活性ガス下で蒸留する．このとき，T字管はアダプターや受け器につける．

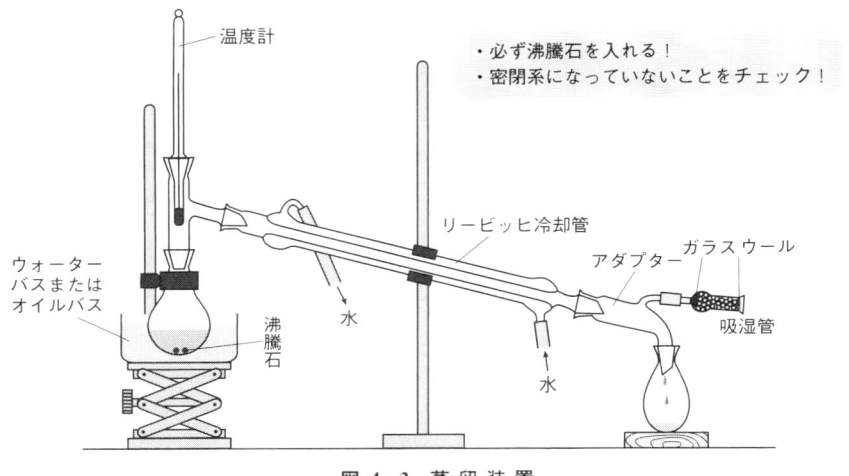

図 4・3 蒸留装置

常圧蒸留における注意点を以下に述べる．
● **密閉禁止**　常圧蒸留を行うときは，蒸留装置が密閉されていないことを確認すること．還流の項でも述べたが，系内が加圧され危険である．
● **穏やかな沸騰**　蒸留する化合物の沸点に応じた水浴や油浴などの加熱機器を使用し，穏やかに沸騰するように温度調節をする．沸騰石を加えるか，スターラーで溶液をかくはんして突沸を避ける．一度加熱して冷却した沸騰石は使えないので注意すること．激しく沸騰するくらい加熱すると，溶液がはねとび，気化しないまま流出し，精製の失敗につながる．

B 常圧濃縮

常圧蒸留と同じ装置を組む．溶媒の留出温度を測定しないこと，およびできるだけすみやかに溶媒を留出させること以外は常圧蒸留と同じである．

C 減圧蒸留

常圧では沸点が高すぎて熱分解してしまうような化合物も，減圧下では蒸留による精製が可能となる．過度に減圧すると沸点が下がりすぎ，冷却管での液化が困難

になるので，沸点換算図を用いて大まかな沸点を予測し，蒸留温度が 70～80 ℃になるように減圧度を決める．減圧蒸留時の注意点を以下に述べる．

● **沸騰石はだめ**　減圧下では沸騰石は効かない．ガラス管を細く延ばしたキャピラリーを用いて空気や窒素の泡がでるようにするか，スターラーを用いて溶液をかくはんする．溶液の量が多かったり，容器とかくはん子の大きさがアンバランスであるとかくはん子がスムースに回転せず踊ってしまい，突沸を招く．

● **減圧蒸留の手順**

❶ 系内を所定の圧力に調整する．
❷ スターラーを用いているときは，安定したかくはんになるように調整する．
❸ 加熱をはじめる．
❹ 蒸留．
❺ 加熱を止め，ウォーターバス（またはオイルバス）をはずし，加熱部が室温に戻るまで待つ．
❻ 系内を常圧に戻す．

D　減 圧 濃 縮

組立て器具を使う場合とロータリーエバポレーター（図 4・4）を使う場合がある．

❏ 組立て器具を使う場合

沸点測定を行わないこと以外は減圧蒸留と同じである．キャピラリーを用いているとき，結晶の析出が激しくキャピラリーがすぐ詰まるときは，8 mm 程度のガラス管に短いゴム管をつけたものをキャピラリーの代わりに使用し，ゴム管部分をピンチコックで調節して空気の流入量を調整する．

❏ ロータリーエバポレーターを使う場合

ロータリーエバポレーターは突沸の危険性が少なく，沸点以下で迅速に濃縮ができるので便利である．以下にロータリーエバポレーター使用時の注意点を述べる．

● **沸騰石不要**　ロータリーエバポレーターには沸騰石やキャピラリーは不要である．

72　　　　　　　　　　　　　4. 実験装置と実験操作

● **減圧はゆっくり**　　減圧はゆっくりと行い，発泡や突沸が起こればすぐに排気を中断できるようにしておく．

● **ロータリーエバポレーター使用の手順**

> ❶ 試料をナス型フラスコに入れ，バネを用いてエバポレーターと確実に連結する．
> ❷ 回転を開始する．このとき急激に回転速度を上げない．
> ❸ 徐々に排気していく．発泡や突沸が起これば，ただちに排気を中断できるよう配慮しておくこと．
> ❹ 所定の減圧度に達し，発泡・突沸もなく，円滑に回転している状態で加熱を開始する．
> ❺ 濃縮を終了するときは，加熱を止め，温度が下がったのち，回転を停止し常圧に戻す．このときフラスコの落下に注意すること．

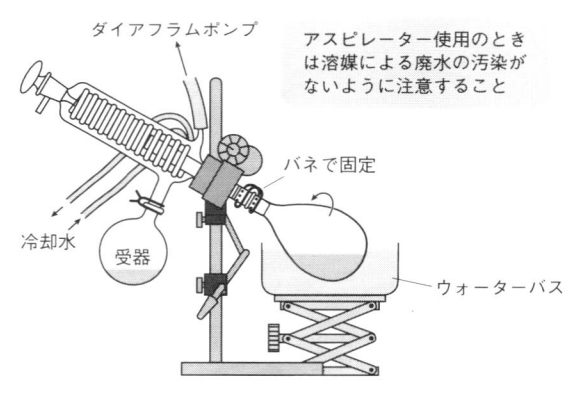

図 4・4　ロータリーエバポレーター

4・6　濾過・遠心分離

固体と液体の混合物を分離する操作を濾過というが，固体が必要な場合と液体が必要な場合で操作が異なる．一般的注意を以下に述べる．

● **器具と方法の選択**　　濾過すべき固体の量，結晶の細かさ，溶解度，目的などに従って，適当な方法・器具を使用する．

4・6 濾過・遠心分離

● **濾紙の選択**　濾紙には，濾過の目的に応じて紙質の異なるものがある．表4・3を参考にして最適なものを選んで使用する．通常の有機合成実験では No. 2 でよい．

表 4・3　濾紙の種類と特性

区分		No.	濾過速度比	用途(灰分　mg/枚)
定性	一般定性用	1	10	学生実験など
	標準定性用	2	8	一般用，減圧可
定量	簡易定量用	3	5	工業分析など (0.4)
	迅速定量用	5A	11	濾過速度大 (0.09)
	一般定量用	5B	3	学生実験用 (0.09)
	$BaSO_4$ 用	5C	1	微細沈殿用 (0.09)
	標準定量用	6	2	一般定量用 (0.06)
	高級定量用	7	3	精密測定用 (0.02)

● **後始末はきっちりと**　有機溶媒でぬれた濾紙をそのままごみ箱に捨ててはならない．溶媒蒸気による中毒や引火事故につながる．洗浄後，ドラフト中で乾燥させたのち，廃棄する．

● **反応性固体の濾過**　金属触媒や金属粉末，水素化カルシウムや水素化リチウムアルミニウムなどの反応性乾燥剤などは，濾紙の乾燥とともに空気中の水分や酸素と反応して自然発火する．濾過中，濾過後も濾紙を乾燥させないように注意し，それぞれの化合物に応じた処理を行う．

4・6・1　自然濾過

有機化学実験では溶媒乾燥に用いた固体乾燥剤の濾別，脱色炭の除去，金属触媒や還元用金属粉末の除去などに，無機化学分析実験では沈殿の濾別に用いられる手法．

A　四つ折り濾紙

無機分析実験で沈殿を濾取するときに用いる．

● **濾紙の大きさ**　用いる漏斗にあった濾紙の大きさを選ぶ．濾紙上端が漏斗からでないようにする．

● **濾紙の密着**　漏斗に濾紙をセットしたあと，濾紙を純水でぬらし，漏斗の壁面に密着させる．漏斗と濾紙が密着しないときは，濾紙の折り方を加減する．漏斗に濾紙を密着させることで，漏斗の脚を落ちる水柱の吸引効果により濾過が促進される．

- **満タン不可**　濾過する液を濾紙の上端いっぱいまで入れない．上端から5 mm程度のところまでにとどめ，濾過の進行に伴って液を追加していく．
- **濾過後の洗浄**　濾過したのち，濾紙上から純水を注ぎ，沈殿を数回洗う．

B　ひだ折り濾紙

有機実験・無機実験を問わず，不要の固体を濾別するときに用いる．有効面積が広いので濾過速度が大きく，迅速に濾過できる．

- **液体が必要なときだけ**　ひだ折り濾紙を固体が必要な場合の濾別には用いない．
- **折り目は少しずらす**　ひだ折り濾紙を折るとき，几帳面にすべての折れ線が一点に集まると，その部分の強度が弱くなり，濾過中に破れてしまうことがある．
- **濾紙の大きさ**　四つ折り濾紙と同じく濾紙上端が漏斗からでないように漏斗の大きさを選ぶ．

C　熱時濾過

熱飽和溶液を自然濾過する場合，濾過中に液が冷却されて結晶が析出する場合がある．このようなときには，マントルヒーターや保温漏斗を用いて熱時濾過を行う．保温漏斗はあらかじめ水を入れ，バーナーなどで十分に加熱してから濾過作業に入る．

- **濾過中の加熱厳禁**　可燃性の液体を保温漏斗で濾過する場合，濾過中にバーナーで加熱してはならない．容易に引火し，火災事故につながる．
- **濾過中の結晶析出**　濾過中に濾液に結晶が析出したときは全量を濾過したのち，濾液を暖めて結晶を溶解し，放冷して結晶を徐々に析出させる．
- **濾紙上での結晶析出**　濾過中に濾紙上で結晶が析出したときは，全量を濾過したのち，その濾紙を別容器に入れ，溶媒を加えて析出した結晶を溶解し，新しい濾紙を使って再び濾過する．

D　吸引濾過

結晶や沈殿が必要な場合に最も普通に用いられる方法．溶液が必要な場合でも，迅速に濾過する必要があるときは吸引濾過を行う．吸引濾過の器具は，結晶や沈殿の量によって異なる．

❑ 結晶が多量（10 g 以上）の場合

ブフナー漏斗（ヌッチェ）を用いる．

- **● 大きさは結晶の2倍程度**　ブフナー漏斗の大きさ（容量）は沪過したい結晶の2倍程度のものを選ぶ．
- **● 沪紙の大きさ**　沪紙はブフナー漏斗の穴をすべてふさぎ，なおかつ漏斗の内径より少し小さいものを用いる．沪紙が大きい場合，漏斗の内壁で折れ曲がり，そこから溶液がもれ，沪過の失敗につながる．
- **● 減圧とトラップ**　原則として水流ポンプを用いるが，真空ポンプや真空配管を用いる場合は，沪過終了後に大量の空気を吸い込まないように注意する．低沸点有機溶媒を沪過するときは減圧で溶媒が気化することがある．この場合は低温トラップを取付け溶媒蒸気が下水中や大気中に放出されないようにする．
- **● 逆流防止瓶**　どのような減圧方法にしろ，逆流防止瓶は必ず取付ける．
- **● 沪紙の密着**　最初に少量の溶液を注ぎ沪紙全体をぬらしてから軽く吸引し，沪紙を漏斗に密着させる．
- **● 結晶の密着**　漏斗上の母液がなくなったら，結晶をガラス栓の頭でならすように押さえて，固体中に含まれる母液を吸引させる．沪過した固体に割れ目ができると，そこから空気が無駄に吸引されるので，よく押さえて割れ目をふさぐ．
- **● 沪過後の洗浄**　沪過後，溶媒で洗浄する際には，まず吸引を弱めまんべんなく溶媒をかけ，再び吸引する．洗浄は一度に多量の溶媒で洗うよりも，少量の溶媒で数回に分ける方が効果的である．

❑ 結晶が少量（数 10 mg ～数 g）の場合

ガラス漏斗と沪過板（目皿）を用いる．沪液の量が少ない（200 mL 程度以下）場合は沪過鐘（グロッケ）を用い，それ以上の場合はサクション瓶を用いる．

- **● 沪紙の大きさ**　用いる目皿より 2 mm 程度大きく沪紙を切って用いる．
- **● 沪紙の密着**　沪過前に沪紙を使用溶媒でぬらし，スパチュラなどを用いてしわにならないように沪紙を目皿と漏斗内壁に密着させる．

❑ 結晶が微量（数 10 mg 以下）の場合

沪紙受けを用いるか，遠心分離で分離する．沪紙受けの操作は目皿に準じる．

4・6・2　遠心分離

濾過しにくい沈殿の分離や極微量の試料の分離には遠心分離を用いる．遠心分離器は試料管を高速で回転させ，試料に回転による加速度をかけ分離する方法である．高速回転する装置のため，以下に示す独特の注意点がある．

- **試料の量**　　試料は試料管（遠沈管，遠心管とよばれる）の7割程度以下になるようにする．試料管の回転軸に対する角度が固定されているアングルローターでは，試料管にいっぱいまで試料を詰めると回転により，液がこぼれ散る．
- **バランス**　　回転軸に対して対称の位置にある試料管は，試料管と試料の総重量が等しくなるようにバランスをとる．バランスが崩れていると，高速回転で遠心分離器が振動し，遠心器が動き回ったり，ひどいときにはローターが破壊され，重大事故につながる．
- **緊急停止法の確認**　　運転中に異常音や異常な振動が起こったときは直ちに運転を停止できるようにしておくこと．まれに試料管破損のためのバランスの変化による事故がある．
- **回転停止時にあせらない**　　回転の停止は，装置の電源を切って自然に減速するのを待つこと．手やタオルを使って減速することは厳禁であることはいうまでもない．これはあせって実験をしている初学者に見られることが多いが，遠心分離器を無理矢理止めてまで急ごうとしているのは，きわめて事故を起こしやすい危険な心理状態になっている証拠であり，人的要因による事故を回避するための自己確認の指標になるのではないだろうか．
- **分離後の溶液**　　遠心分離した液体を試料管から取出すには，注射器やスポイトを用いる．試料管から直接容器に傾けて液体を移すと，せっかく分離した固体が液流で舞い上がり，分離操作の失敗につながる．

4・7　冷蔵庫の利用

化合物の結晶化や，試薬類を低温で保存する場合には冷蔵庫を利用する．冷蔵庫を利用する際の注意点を以下に述べる．

- **密栓する**　　冷蔵庫の中は温度が低いが，低沸点溶媒は冷蔵庫温度でも爆発を起こすのに十分な蒸気圧をもっている．冷蔵庫中に有機溶媒を入れる場合は，たとえ防爆冷蔵庫であっても必ず密栓できる容器に入れ，溶媒蒸気が庫内に充満することがないようにする．ビーカーなどの使用は厳禁である．

- ● **防爆は耐爆にあらず**　防爆冷蔵庫は中で爆発が起きても耐えうるという意味ではない．庫内に引火源となるスイッチや電球が露出していないという意味である．したがって，防爆冷蔵庫でも，庫内に溶媒蒸気が充満し，引火爆発が起これば当然大事故につながる．
- ● **整理整頓**　冷蔵庫はふつう多数の研究者が共通で使用する．冷蔵庫のふたの開け閉めなどの振動で容器が転倒して内容物がこぼれたりすることないよう，フラスコ類などの不安定な容器はしっかりと固定する．庫内に試薬類が乱雑に置かれていても同様の事故が起こるので，庫内の整理整頓を怠らない．

4・8　クロマトグラフィー

数種類の化合物からなる混合物を分離・精製する方法で，試料を気化してガスの流れ（移動相）にのせて分離するガスクロマトグラフィー（GC：gas chromatography）と試料を液体あるいは溶液にして溶媒の流れ（移動相）にのせて分離する液体クロマトグラフィー（LC：liquid chromatography）がある．以下におのおのの手法の注意点について述べる．

❏ ガスクロマトグラフィー

- ● **高圧ガス配管のチェック**　ガスクロマトグラフィーでは，移動相となる高圧ガスをボンベから供給する．ボンベから装置への配管もれやボンベの取扱に精通しておく．
- ● **検出器は？**　ガスクロマトグラフィーの検出器には，熱伝導検出器（TCD：thermal conductivity detector），フレームイオン化検出器（FID：flame ionizatioin detector），電子捕獲検出器（ECD：electron capture detector）が用いられている．FIDは水素ガスを用い，水素ガスと試料を検出部で燃焼させて検出する．FIDを用いたガスクロマトグラフィーを設置する部屋には水素ガス検知器を設置する．ECDは放射性同位元素（^{63}Ni）を用いている．放射性物質の標識をつけるとともに，密封線源として文部科学省への登録が必要である．（☛ §3・4）

❏ 液体クロマトグラフィー

- ● **換気を十分に**　液体クロマトグラフィーでは大量（数L以上）の溶媒を使用する．溶媒蒸気による事故を防ぐために排気ダクトを設置し，また，室内に引火源がないようにする．

- **使用済み移動相の回収・処理**　液体クロマトグラフィーに用いた溶媒は分別回収し，各研究施設において定められた処理法にのっとって廃棄処理を行う．
- **イオン交換クロマトグラフィーの廃液**　イオン交換クロマトグラフィー廃液は，強酸性あるいは強塩基性であることが多く，中和処理したのち廃棄する．

4・9　放射線発生装置

放射線発生装置を使用する場合，実験者はまず§3・4放射性物質で述べたように，各自が所属する機関で"放射線業務従事者"の登録を行わなければならない．その後，教育訓練，健康診断などを受けたうえで実験施設内への立ち入りが許可される．実験中は必ずフィルムバッチやポケット線量計などの線量測定器具を装着し，被ばく線量を測定する．

4・9・1　高エネルギー加速器施設

高エネルギーの粒子加速器施設（バンデグラフ加速器，サイクロトロン，シンクロトロンなど）にて実験を行う場合には，まずその施設での放射線業務従事者としての登録を済ませ，施設の放射線障害予防規程などを十分に理解しなければならない．施設の放射線取扱主任者から，施設の状況の説明を受け（ビデオなどで外来者向けの教育訓練を行う場合が多い），できれば当該実験施設での実験経験が豊富な実験者に手助けを依頼する．実験に際してのおもな注意点を述べる．

❶ 非常時の退出方法はわかっているか？　高エネルギーの粒子が出てくる実験エリアはインターロックが掛かるようになっている．万一，閉じ込められたとき，どうやってロックを解除し安全なところへ出られるか確認しておく．
❷ 高エネルギーの粒子加速施設ではビームライン，ビーム分配器の近傍には残留放射能があり，加速器停止直後もかなりの放射線が出ている．必ずエリアモニターなどで放射線強度を確認し，またサーベイメーター（携帯型放射線測定器）を携えて立ち入る．
❸ 決してビームラインを一時的に鉛などで遮断し，作業を行ってはならない．何らかの原因で遮断が外れた場合，突発的にビームが出て予期せぬ大事故が発生する可能性がある．
❹ 実験終了後は必ず身に着けていた線量計の数値を確認し，被ばくの有無を確かめる．

4・9・2 X線発生装置

　X線発生装置（X線構造解析装置，X線顕微鏡，X線分光分析装置など）についても基本的には§4・9・1と同様のことを心掛ければよいが，この場合は装置の運転を実験者自ら行えるので，安易な運転をしがちである．数keVのX線といえども放射線量が非常に多い場合があり，皮膚に直接当たればひどい場合やけどを生じる．放射線によるやけどは熱によるものと異なり，皮膚の深い部分まで損傷を起こし，なかなか回復しない．自己流の使用をしないで正しい利用法を習得，励行すべきである．X線を発生させながら測定試料を交換するなどもってのほかである．また必ずG.M.サーベイメータなどを用いて放射線の漏えいを調べる．

　X線発生装置の使用に際しては，つぎの点に注意すべきである．

❶ X線発生装置が設置されていることを示す標識を掲示する．
❷ 装置より漏えいする線量をG.M.サーベイメーターで測定し把握する．
❸ 実験時はフィルムバッチなどの線量測定器具を着け，被ばく線量をモニターする．
❹ 決してX線発生時に手などを装置内に差し込まない．また運転状態でビームをブロックするなどして試料交換を行わない．
❺ 被ばくした場合，直ちに医者の診断を受ける．同時に管理責任者にその旨報告する．

4・10 レーザー光発生装置

　レーザー光はX線やγ線と比べると一般的に波長が長く（X線レーザー，γ線レーザーもあるが一般的には紫外領域より長波長側のレーザーが使用されている），1光子当たりのエネルギーは小さい．しかし，波面がそろい，指向性にすぐれ，エネルギー密度が通常の光と比べ桁違いに大きい．特に，出力の大きなレーザー光源を用いて実験をする場合には，皮膚に当たってやけどを起こしたり，目に入り網膜を焼損し，視力障害をひき起こすこともある．

　直接はもちろん，反射光，散乱光などにも十分注意しなければならない．レーザー光源はその危険度に応じて，表4・4のようにクラス1から4に分類されている．特にクラス4は高出力レーザーで，直接光を受けることはもちろん，拡散反射光でさえも障害を及ぼし，また火災をひき起こす危険もある．すべてのレーザー装置には，危険度による分類に従った警告ラベル（図4・5），説明ラベル（図4・5），開口ラ

ベル，保護（本ラベル）を張り，実験時には必ず保護眼鏡を着用しなければならない．なお，ラベルに関する詳細な規定については JIS C6802-1988 を参照のこと．

表 4・4 レーザーのクラス分け

クラス 1	規制が免除されるレーザー，$0.39\,\mu W$ 以下の出力
クラス 2	CW 出力 1 mW 程度の小出力レーザー，警告ラベル必要
クラス 3A	最大パワー 5 mW 程度，目に入れた場合障害の発生の恐れあり，警告ラベル必要
クラス 3B	0.5 W 以下の中出力レーザー，直接光，反射光で障害発生，警告ラベル必要
クラス 4	高出力レーザー，直接光，拡散反射光により人体に障害発生，警告ラベル必要，保護眼鏡必要

図 4・5 レーザ警告ラベルの例（日本電子機械工業会技術資料No.レ技TB-8401）

レーザー光を使用する場合の注意点を以下に述べる．

❶ レーザーの安全運転，また適切な管理を行うため，クラス 3, 4 のレーザーの使用室には安全管理者を置く．
❷ レーザー使用室には看板，立て札，警告ラベル，説明ラベルなどにより，レーザーが設置されていることを明示し，その場所に立ち入る人に注意を促す．
❸ クラス 3, 4 のレーザーを操作する場合，安全操作のための教育を受けねばならない．
❹ レーザー光の光路は目の高さを避けるように実験装置を設置する．また鏡を光路の近くには持ち込まない．

❺ レーザーが作動していなくても，光路をのぞき込まない．
❻ レーザーを作動させるときには，必ず他の実験者に声をかける．クラス 3B，4 のレーザーを使用する場合は，必ずその波長に適合した保護眼鏡を使用する．

［レーザー発生装置についての参考文献］
・片山幹郎，"レーザーと化学（化学 One Point 17）"，共立出版（1985）．
・"レーザー：その科学技術にもたらしたもの"，日本物理学会編，丸善（1978）．
・"レーザーハンドブック"，レーザー学会編，オーム社（1982）．

4・11 強磁場発生装置

地磁気は約 0.3 G（東京における水平磁場）であるが，実験に用いる電磁石の中心では数 T（1 T = 10000 G）から 20 T 程度の静磁場を発生させている．たとえば，核磁気共鳴装置（NMR）の場合，プロトンの共鳴周波数 f と印加磁場 H の間にはおよそ $(f/\text{MHz}) \sim 43(H/\text{T})$ という関係がある．したがって漏えい磁場といえども地磁気に比べてはるかに大きいことを銘記しなければならない．以下に強磁場発生装置使用上の一般的注意を述べる．

● **磁場の分布を明示する**　　実験者は強磁場発生中は必ずその旨表示しなければならない．

　漏えい磁場は電磁石のコイルの軸方向に大きい．特別なしゃへいをしなければ軸に垂直方向でも中心から 1 m 程度の位置で 20 G 程度（中心磁場が 9 T の場合）になる．ペースメーカーなど医療用機器は強い磁場（15 G 程度以上）の影響で誤動作・停止することがある．また，種々の磁気カード（クレジットカードなど）は 10 G 程度，磁気テープは 20 G，磁気ディスクは 350 G 程度で影響を受ける．したがって，同じ大きさの磁場を定常的に発生させる場合（NMR など）は，磁場の大きさを床面に表示する．

● **ペースメーカー装着者は近づいてはならない**　　上述の通り，ペースメーカーなど医療用機器は強磁場の影響で誤動作・停止することがある．強磁場発生中の電磁石から数 m 以下には決して近づいてはならない．

● **非磁性材料の機器を使う**　　磁性材料（鉄，ニッケルなど）の工具，いす，高圧ガスボンベなどは，磁石に引かれてひとりでに移動を始める可能性がある．特

に工具は"空飛ぶ凶器"になりうる．磁石との距離や漏えい磁場の影響を考えて慎重に使用する必要がある．非磁性材料のものをあらかじめ用意することが推奨される．高圧ガスボンベは磁石からできるだけ遠い位置に固定する．

　寒剤容器，ガスボンベ，いすのような大きな磁性物体は，ひとりでに移動して人身事故を起こしたり機器を破損するだけでなく，監視下で移動させても磁力線の分布を変化させ超伝導磁石のクエンチを引き起こす可能性もある（☛ ● 超伝導磁石のクエンチ）．非磁性材料のものを用意することが望ましい．

　書類をとじているステープルやクリップ類も多くは鉄製であり，容易に磁石の中心に吸い込まれる．いったん吸い込まれてしまうと，磁場を切らないと回収できなくなるので，注意が必要である．

● **液晶ディスプレイを使う**　　電子線にはたらくローレンツ力のため，ブラウン管を用いたコンピューターのモニターは画面がひずむ．不用意に強磁場を発生させて制御画面のボタンが表示されなくなると制御不能になる可能性もある．液晶ディスプレーを用いることが望ましい．

● **超伝導磁石のクエンチ**　　超伝導磁石のクエンチ（超伝導が壊れること）現象はいったん始まると止める方法がない．寒剤容器内の液体ヘリウムが一気に気体になるので，換気のよい場所へ避難する．ヘリウムガスは軽いので，上の階に避難の通報をしなければならない．

　機械的衝撃（装置をたたく，いすなどがぶつかる，など）をきっかけにクエンチが起きることもある．過度に臆病になる必要はないが，不必要な機械的衝撃は避けなければならない．磁性物体の移動によって磁石周囲の磁力線の分布を大きく乱すことによってもクエンチは起きる．できるだけ非磁性の機器を用いるとともに，磁石から離れた移動経路を選ぶなどの注意が必要である．

　液体ヘリウムの補充はマニュアルに従って行えばよい．NMRの磁石では通常，励磁したままで補充できるが，この際，あらかじめ移送管を冷却することを怠ってはならない．怠ると室温の気体が吹き込まれて急激な液体ヘリウムの蒸発をひき起こし，クエンチの原因となる．

4・12　オートクレーブ

　オートクレーブは高圧装置で化学反応や殺菌に利用され，高圧に耐えられる鋼鉄製の厚い壁をもつ．材質は炭素鋼などで材質は使用温度や使用圧力によって使い分ける．使用圧力限界によって壁の厚さも，安全度の目安も異なっている．通常，

4·12 オートクレーブ

実験室に備えられているオートクレーブは図4・6, 図4・7の構造をしていて330気圧, 300℃までの加熱に対して安全度が見積もられている. ここでは化学反応装置の概略と操作上の注意点を述べる.

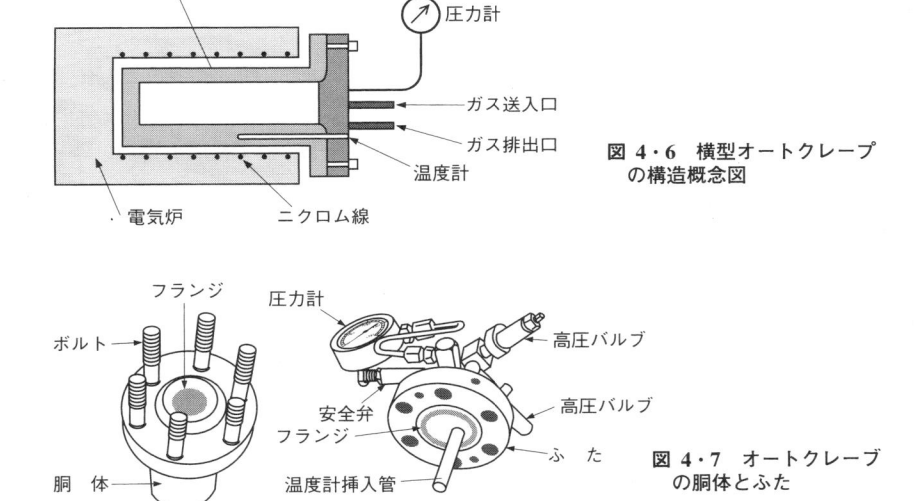

図4・6 横型オートクレーブの構造概念図
(高圧容器, 圧力計, ガス送入口, ガス排出口, 温度計, 電気炉, ニクロム線)

図4・7 オートクレーブの胴体とふた
(ボルト, フランジ, 圧力計, 安全弁, フランジ, 温度計挿入管, 高圧バルブ, 高圧バルブ, ふた, 胴体)

● **高圧ガスの知識が必要**　オートクレーブを利用するには高圧ガスについての知識がなければならない (☞ §3·5). 使用経験者がいる場合は使用に先立ち指導を受ける. 使用経験者がいない場合は高圧ガスの取扱いになれた人の指導を受ける.

● **使用場所を選ぶ**

❶ それなりの防災設備が完備されている指定場所 (高圧実験室, 防災実験室) で実験する.
❷ 高圧反応容器が破壊される場合は, ブルドン管を用いた圧力計が最も弱いため破損するので表面のガラスを除いておくのがよい. また, ふた, ゲージ, 安全弁などが飛ぶ事態も考えて反応場所を決める. 圧力, 温度を遠隔から読みとれるように, 防護壁, ミラーを設置する.

● 使用前の準備

❶ 容器は細管も含めてきれいにして使用する．細管部の清浄は念入りに行う．圧力計は指定ガスのものを使用しなければならない．
❷ 安全弁，圧力計などの付置器具は定期的に点検することはもちろん，使用前にも点検する．
❸ ガス漏れ防止用のアルミ製パッキングは，清潔で傷がないかを確認する．パッキングは平面のものをふたの溝に合わせてセロテープで張りつけ一度ふたを締めて，使用前にあらかじめ成形しておく．封かん（ふたをする）する際には容器がひずまないように，ボルトを対角，対角という順序で均等に締め付けていく．

● 実験計画と実験中の注意

❶ 予期せぬ反応による事故を防止するため，内容物は3分の1以上入れてはならない．
❷ ガス圧はゲージの3分の2，容器の耐圧の2分1以下で使用する．
❸ ガス注入後，反応を開始する前にガスもれ検知剤で気密性をテストしておく．
❹ 水素化反応（接触還元反応）などはオートクレーブ内に空気が残っていると爆発の危険があるし，たとえ爆発の危険が小さい場合でも触媒の活性低下を招く．これらを避けるために，室温で窒素，またはアルゴンの圧入（10～20気圧）と排気を3,4回繰返す．
❺ 温度を上昇させていくと気密性が悪くなりガスもれが起きることがある．この場合は，すぐ実験を中止して安全を確認後冷却する．なお，反応溶液の温度を正しく測定するには，温度計は温度計挿入管に深く入れなければならない．
❻ 反応終了後は氷水で冷却してからガスを抜く．減圧には部屋の排気能に応じて時間をかける．重さからわかるように熱容量が大きいので加熱した容器の冷却には時間がかかることを忘れてはならない．
❼ 減圧時には安全のために電源などはオフにしておく．

5. 廃棄物処理

　どのような化学実験でも（固形廃棄物に限らず，排気ガス，排水，廃溶媒などを含めて考えると）必ず廃棄物が出る．たとえ素晴らしい成果が得られた実験であっても，その結果生じた廃棄物の処理が不十分であったために，人体や地球環境に甚大な悪影響を与えてしまっては，その価値を失ってしまう．**化学者は，最終的に廃棄物を適切に処理するまでが実験である**という意識を常に忘れてはならない．

　実験室から排出される廃棄物は，廃棄物の処理および清掃に関する法律（廃掃法）および水質汚濁防止法（☞§3・3・2），下水道法，悪臭防止法（☞§3・3・3）などの規制を受ける．有害な物質は，たとえ微量であってもそのまま自然水域や大気中に放出することがないよう，適切な処理をしなければならない．また，環境汚染に対する問題のほかにも，廃棄物には爆発や発火の危険性，人体に対する有害危険性も予想される．廃棄物には，個々の化合物のもつ危険性や有害性が混合されていたり，化学変化や経時変化によってより危険性の高いものになっている可能性も考えなければならない．したがって，**廃棄物の処理は無造作かつ安易に行うことなく**（☞p.87，"ポリタンク反応"），それぞれの事業所（大学など）できめられたルールに従い，**安全かつ適切な方法で行わなければならない**（☞図5・1）．処理に困る実験廃棄物が発生した場合には，いいかげんに処理することは禁物であり，それぞれの大学などに設置されている実験廃棄物処理施設の担当者に相談すべきである．

　実験室で発生する廃棄物は，その廃棄物がどのような過程で発生し，どのような危険性，有害性を有しているかを最もよく把握しているのは実験者自身であるので，**実験者自身がそのつど個別に処理することが望ましい**．廃棄物の処理は他人任せにせず，できるだけすみやかに行うべきである．不要薬品や余剰試薬を長期間保管庫などに放置しておけば，いずれはラベルなどがはがれ落ち不明薬品となる恐れがある．内容物のわからなくなった薬品や廃棄物は，その処理に多大な費用と労力を必要とし，危険性もきわめて高い．廃棄物とともに，不要薬品や余剰試薬も定期的に処分すべきである．

5. 廃棄物処理

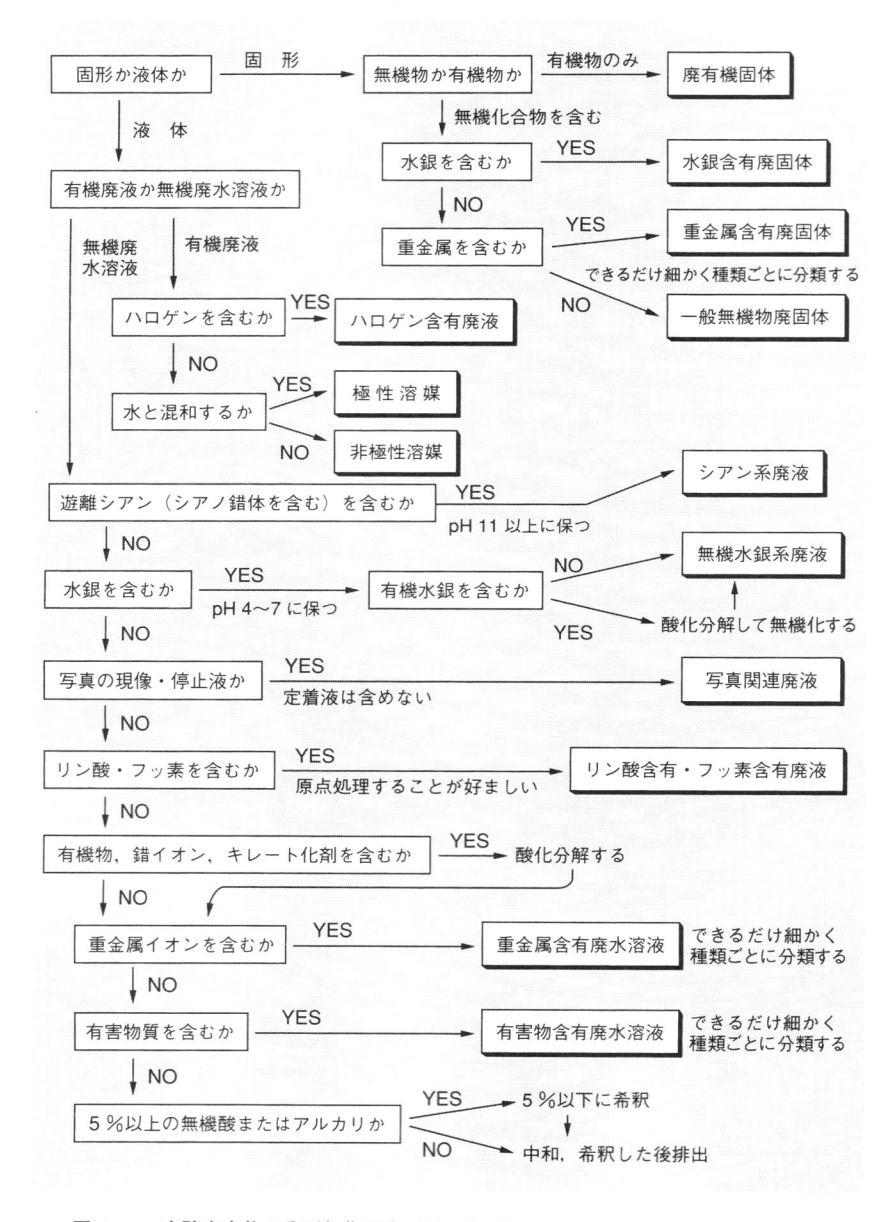

```
固形か液体か ──固形→ 無機物か有機物か ──有機物のみ→ 廃有機固体
      │                    │無機化合物を含む
     液体                   ↓
      ↓                 水銀を含むか ──YES→ 水銀含有廃固体
有機廃液か無機廃水溶液か        │NO
                          ↓
   │無機廃    │有機廃液   重金属を含むか ──YES→ 重金属含有廃固体
   │水溶液    ↓                │              できるだけ細かく種類ごとに分類する
   │      ハロゲンを含むか ──YES→ ハロゲン含有廃液  NO→ 一般無機物廃固体
   │         │NO
   │         ↓
   │      水と混和するか ──YES→ 極性溶媒
   │                      NO→ 非極性溶媒
   ↓
遊離シアン(シアノ錯体を含む)を含むか ──YES→ シアン系廃液
   │NO                              pH 11以上に保つ
   ↓
水銀を含むか ──YES→ 有機水銀を含むか ──NO→ 無機水銀系廃液
   │NO     pH 4〜7に保つ      │YES    酸化分解して無機化する
   ↓
写真の現像・停止液か ──YES→ 写真関連廃液
   │NO         定着液は含めない
   ↓
リン酸・フッ素を含むか ──YES→ リン酸含有・フッ素含有廃液
   │NO        原点処理することが好ましい
   ↓
有機物,錯イオン,キレート化剤を含むか ──YES→ 酸化分解する
   │NO
   ↓
重金属イオンを含むか ──YES→ 重金属含有廃水溶液  できるだけ細かく種類ごとに分類する
   │NO
   ↓
有害物質を含むか ──YES→ 有害物含有廃水溶液  できるだけ細かく種類ごとに分類する
   │NO
   ↓
5%以上の無機酸またはアルカリか ──YES→ 5%以下に希釈
                              NO→ 中和,希釈した後排出
```

図 5・1 実験廃棄物の分別収集区分(例:大阪大学理学部・大学院理学研究科)

有害化学物質の処理を行うためには、また化学物質が必要になる。廃棄物問題や環境汚染を考えた場合、**実験廃棄物の量を少なくすることが最も重要**であり、そのための最も有効な手段は、実験のスケールを小さくすることや、不要余剰試薬を減らすことである。試薬の購入は必要最少量とし、多量に使用する溶媒などは反復再使用するなど、資源の有効利用を心掛けるべきである。

ポリタンク反応

一般的に廃棄物は（固形、液状を問わず）ポリ容器に一定期間保管しておく場合が多い。この廃棄物溜め（ポリタンク）に安易に廃棄物を捨てたために起こる化学反応を俗にポリタンク反応という。これによる事故は意外に多く、またきわめて危険な場合も多い（☛ 事故例 5・1, 5・2）。

ポリタンクは適当な大きさのものをいくつも用意して、できるだけ種類ごとに分けて保管すべきである。酸、アルカリなどの廃液は必ず希釈してから、また、反応性の高い試薬は不活性化してから、少しずつ様子を見ながら廃液溜めに入れるようにする。廃液溜めには、いつどのような物質を入れたかを記したメモまたはノートを付設しておくとよい。

事故例 5・1 濃塩酸の入った廃液溜めに濃硫酸を入れてしまった。塩化水素ガスが発生するとともに希釈熱で廃液溜めの温度が異常に上昇した。

事故例 5・2 かなり昔から研究室に溜め置かれていたさまざまな有機試薬を徹底的に処理しようと、20 L の広口ポリタンクにつぎつぎとほうり込んでいたら、しだいに発熱し、煙を上げてきた。急いで氷浴につけて冷却したため幸い発火はしなかったが、数時間後ポリタンクの中の試薬はほとんど炭化されていた。

5・1 固 体 廃 棄 物

5・1・1 有機廃固体

基本的に有機廃固体は有機廃液と同等に扱われる。すなわち、そのまま焼却されるか、もしくは適当な溶媒に溶解させて焼却処分される。したがって、その分類は有機廃液に準ずるといえる。固体といえども混合することにより、予想外の反応が進行し、発熱・発火することがあるので（☛ 事故例 5・2）、内容物の明記を怠らず、反応する恐れがないものについてのみ、混合して貯蔵できる。具体的には、酸化性の物質との混合や、酸性物質と塩基性物質の混合は絶対に行ってはならない。

5・1・2 無機廃固体

　無害な塩を除いて，特に重金属イオンを含む廃固体は，**できる限りその種類ごとに細かく分類し保管しておく**．無機固体化合物が混合により発熱，発火した場合，その消火がきわめて困難な場合が多いので，廃固体を安易に混合してはいけない．廃固体を保管するさいには，内容物と数量がわかるようにしておくことも重要である．

　大学などによってシステムは異なるであろうが，一般に重金属を含む廃固体は，一定期間ごとに廃棄物処理業者にひき渡す．処理業者はコンクリートやドラム缶に詰めて処分場に埋めているだけである場合が多いので，高活性物質の不活性化や有害物の無害化処理は研究者の責任で行い，処理業者に危険が及ばないよう，また地球環境を悪化させないような配慮が必要である．

　特に，水銀を含む廃固体は，その他の無機廃固体とは区別して保管し，廃蛍光灯などとともに処理業者にひき渡す．金属水銀はガラス容器に密栓し，万が一の容器破損に備えて金属製の容器に入れておく．

試験瓶の廃棄

　試薬の入っていたガラス瓶やプラスチック容器を廃棄する場合（リサイクルゴミとして分別回収する）には，必ず内容物を出し，中をよく洗って乾燥させておくこと．たとえ内容物が無害な塩や水であったとしても，回収業者はそれを理解してくれず，非常に有毒な化学物質だと思うであろう（したがってひき取ってくれない）．回収業者に疑念を抱かせたり，危害を与えたりしないようにすることも，実験者の責務である．

5・2 有機廃液

　実験によって生じる廃棄物を排出する場合，水質汚濁防止法，下水道法，廃棄物の処理および清掃に関する法律などの規制を受ける．したがって実験廃液を処理する場合もこれらの法律にのっとって行われる必要がある．

　最近は実験廃棄物の集約処理施設が設置されるようになり，個々人での廃棄物処理の負担が低減されてきている．集約処理施設では廃棄物の組成に適した方法で処理を行う．したがって，廃棄物中に貯留区分とは異なる成分が混入していた場合処理不能となり，未処理のまま放出されたり，処理施設の機能に支障をきたすことと

なる．処理施設で作業を行う人たちにとっては組成の表示ラベルを信じる以外に方法はないので，実験室で廃液を貯留する段階で厳密に分別貯留を行わなくてはならない．

分別貯留の基準は各機関で制定されたルールにのっとって行われるが，大阪大学理学部・大学院理学研究科ではつぎのように分類することになっている．

❶ ハロゲン含有溶媒：クロロホルム，ジクロロメタンなど
❷ 非極性溶媒：ヘキサン，トルエンなど水と混和しない溶媒
❸ 極性溶媒：エタノール，アセトニトリル，テトラヒドロフランなど水と混和する溶媒

ハロゲン元素は溶媒の焼却炉を傷めるため，完全に分別されている必要がある．注意しなければならないのは，用いた溶媒にハロゲンが含まれていなくても反応試薬にハロゲンが含まれていると，廃液中にはハロゲンが残ってしまうことである．廃棄液中にどのような物質が混入する可能性があるかは，実験を行った当人しかわからないので，実験者が責任をもって分別することが重要である．また，ハロゲンが焼却炉に及ぼす影響は甚大であるので，焼却する溶媒のハロゲン含有テストはきわめて厳密に行われる．不注意から混入したごく微量のハロゲンのためにその溶媒すべてが高価なハロゲン含有処理に回されてしまうこと，注意深く分別した他の研究者の努力が水泡に帰することを肝に銘じるべきである．

5・3 無機廃水溶液

廃水溶液は適切な無害化処理をしたのち，排水として放流することができる．この際，水質汚濁防止法で定められている排出基準（☛§3・3・2）以下の濃度でなければならない．水質汚濁防止法では，Hg, Cd, Cr(Ⅵ), As, Pb および CN^- イオンを含む物質を有害物質に，その他の重金属類や F, B を含むものおよび酸，アルカリ類を汚染物質とし，それぞれについて排出基準を設定している．

近年では，大学など各研究機関ごとに，排水液の無害化処理のために集約処理施設が設置されるようになっている（排水液処理を業者に依託する場合もある）．この処理施設では貯留区分ごとにその組成に適した方法で処理されるので，貯留液に処理不能な成分が混入すると，未処理のまま放出されたり，処理機能に支障をきたす原因となる．したがって，処理施設での処理方法を理解したうえで，決められた

貯留区分ごとに分別収集することを徹底するとともに，処理に支障をきたす成分はあらかじめ分解または除去しておかなくてはならない．

一般に，**集約処理のための無機廃水液の収集貯留区分**は表5・1のように分類されている．まず第一にすべきことは，この貯留区分に従い貯留上の注意を厳守して分別しておくことである．いずれの区分に該当するかや処理方法が不明の物質を含む廃液については，安易に考えず，実験指導者または処理施設管理者と相談しなければならない．処理施設によっても異なるが，錯イオンや有機物（キレート剤を含む）が混入した廃液は，処理に著しい支障をきたすことがあるので，酸化分解など適切な前処理をしておく（☛ p.94，"酸化分解法"）．沈殿物がある場合には除いておく．また，悪臭，有毒ガスを発する物質や爆発性物質，引火性物質を含む廃液は別途収集し，直ちに処理しなければならない．

表 5・1　集約処理のための貯留区分（無機廃水溶液）

貯留区分[†]	貯留上の注意
水銀系廃液	有機水銀廃液は酸化分解して無機化しておく 金属水銀，アマルガムは除く
シアン系廃液	pH 12 以上で貯留する．有機シアン化物は除く 難分解性シアノ錯体は分解してシアン化物に変えるか，難溶性沈殿として除去する
六価クロム系廃液	H_2SO_4 を加えて pH 3 以下としておく 二クロム酸混液は 10 倍以上に希釈しておく
一般重金属系廃液	放射性元素，Be およびその化合物，フッ化ホウ素などは除く フッ化水素酸，濃リン酸などは原点処理しておく 有機金属化合物は無機化しておく 貯留中沈殿物が生成しないようにする
酸類廃液	5％以下の鉱酸は中和後排出してよい
アルカリ類廃液	5％以下のアルカリ液は中和後排出してよい

† 貯留区分は掲載上位のものを優先する．

以下には，貯留区分上位である水銀系廃液，シアン系廃液，六価クロム系廃液それぞれの処理方法を記載した．また，集約処理施設で用いられている一般重金属系廃液の処理法である水酸化物共沈法，硫化物共沈法とフェライト法（フェライト生成-磁気分離法）を紹介しておく．

酸，およびアルカリの廃液は相互に混合しても危険がない場合には，発熱に注意しながら，いずれか一方を少量ずつ加えて中和する．中和後，溶液濃度が5％以下になるよう希釈し，排出する．

5・3・1 水銀系廃液

水銀系廃液の保管の際に最も重要なことは，他の廃液との混合を避けること，廃液のpHを4〜7としてポリ容器に密閉しておくことである．このとき，金属水銀や，アマルガム，水銀で汚染された沪紙，ガラス器具などを含めてはいけない．金属水銀は別に保管し，業者に処理依託する（金属水銀は沪過，硝酸を用いた洗浄，または蒸留により再利用できる）．水銀含有廃固体（以下の処理残渣も含む）は不透明性の容器に気密保管し，業者に処理を依頼する．

有機水銀を含むものは（処理依託も含めて）排出してはいけない．以下のいずれかの方法で**酸化分解**し無機水銀にかえておく（その後，水銀含有廃液として処理するかまたは処理を依頼する）．

有機水銀含有廃液の酸化分解法

- 廃液（Hg 0.025 mg以下を含む廃液500 mL）に濃硝酸（60 mL）と6％ $KMnO_4$ 水溶液（20 mL）を加え，2時間加熱還流する．$KMnO_4$ 溶液の色が消失するときは，いったん冷却したのち $KMnO_4$ 水溶液（2 mL）を追加し再加熱する．
- 廃液を酸性にすると危険が予想される場合には，水酸化ナトリウムを加えアルカリ性としたのち，NaClO水溶液（アンチホルミン）を用いて酸化分解する（☞ p.94，"酸化分解法"）．

有機水銀含有廃液の活性炭吸着法

廃液中のHg濃度を1 ppm以下にしたのちNaClを加え，さらにpHを6付近にして過剰の活性炭を加え，2時間ほどかくはんしたのち沪別する（有機水銀自体を分解しているわけではないことに注意）．

水銀含有廃液を自ら処理する場合には，以下の方法で行い，全水銀濃度が排出基準以下になったことを確認したのち排出する．

水銀含有廃液の処理法

- 廃液に $FeSO_4$ 水溶液（10 mg/L）および Hg^{2+} に対して 1.1 倍量の $Na_2S \cdot 9H_2O$ を加え，十分かくはんする（pH は 6〜8 に保つ）．静置したのち沈殿を沪別する．沪別残渣は含水銀廃固体として保管する．沪液は，上記した活性炭吸着法を用いて，Hg イオンを吸着，除去する．
- $Na_2S+FeSO_4$ の代わりに NaSH と $ZnCl_2$ を用いる（pH 10 程度）と，Hg をきわめて微量まで除去できる．
- 廃液に NaCl を加え $[HgCl_4]^{2-}$ としたのち，陰イオン交換樹脂に吸着させる方法もあるが，有機溶媒を含む廃液や Hg の形態によっては不適当な場合もあり，Hg^{2+} のみを含む水溶液以外ではあまり推奨できない．

5・3・2 シアン系廃液

シアン化物イオンを含む溶液（廃液）に酸が混入すると有毒ガス（シアン化水素）を発生する恐れがある．処理は必ずドラフトチャンバー内で行うこと（できればシアンガス用防毒マスクも使用したい）．未処理の廃液の保管時は，必ずアルカリ性（pH 10 以上）にしておく．

シアン含有廃液のアルカリ塩素法による分解

廃液に NaOH 水溶液を加えて pH 10 以上にしたのち，廃液中の CN^- 濃度を 500〜600 mg/L に調整する．約 10％の NaClO 水溶液（アンチホルミン）を加え約 20 分間かくはんし，さらに NaClO 水溶液を追加かくはんしたのち，数時間放置する．

$$NaCN + NaClO \longrightarrow NaOCN + NaCl$$

（この反応は pH 10 以下では遅く，酸化剤を加えると有毒ガス CNCl を発生する）

ついで，5〜10％ H_2SO_4（または HCl）を加えて pH を 7.5〜8.5 に調整し，一昼夜放置する．

$$2\,NaOCN + 3\,NaClO + H_2O \longrightarrow N_2\uparrow + 3\,NaCl + 2\,NaHCO_3$$
（この反応は pH が高いと長時間かかるので pH 8 前後で行う）

CN^- が存在しないことを確認したのち，排出する．重金属を含むものは，さらに重金属廃液として処理する．

有機シアン化合物は無機系の廃液とは別に上記方法に従い処理し，有機系廃液として処理する．また，遷移金属シアノ錯体は上記方法では分解しにくいので，下記の方法で処理する．

> **遷移金属シアノ錯体の処理法**
>
> 廃液に NaOH 水溶液を加えて pH 10 以上にしたのち，NaOCl 水溶液を加え 2 時間加熱する．冷却後，生じた遷移金属の水酸化物沈殿を沪別する．沪液は陰イオン交換樹脂を通して，残留シアン化物イオンを吸着させる．
> 重金属を含むものは，さらに重金属廃液として処理する．

5・3・3 六価クロム系廃液

六価クロムイオンは酸性，アルカリ性いずれでも安定であり，水酸化物沈殿法などでは簡単に除去できない（フェライト法ではそのまま処理可能）．したがって，酸性条件下で Cr^{3+} に還元したのち，中和して $Cr(OH)_3$ として沈殿，除去する．また，廃クロム酸混液は，廃液中の有機物を酸化分解するために用いることができる．

> **六価クロムの還元中和法**
>
> （クロム酸混液などすでに酸性である廃液以外の場合）廃液に H_2SO_4 を加えて pH 3 以下にする．$NaHSO_3$ の結晶を少量ずつかき混ぜながら，溶液の色が黄色から緑色となるまで加える．（クロム以外の重金属も含む場合には，この時点で重金属含有廃液として処理する．）5% NaOH 水溶液を加えて pH を 7.5〜8.5 に調整し，一夜放置する．生じた沈殿を沪別し（含三価クロム廃固体），沪液は全溶存クロム濃度を確認したのち，排出する．

5・3・4 重金属系廃液

廃液中に含まれる重金属イオンは，水に不溶性の水酸化物または硫化物などとして，共沈除去する．2 種類以上の重金属イオンを含む場合には，沈殿生成の最適 pH が異なる場合もあるので注意が必要である．廃液を保管する場合にはできる限りその種類ごとに保管するようにしたい．

水酸化物共沈法

廃液に $FeCl_3$ または $Fe_2(SO_4)_3$ を加えてよくかきまぜる．$Ca(OH)_2$ を石灰乳にして加え pH を調整する（pH を 9～11 とすると大部分の重金属イオンが水酸化物として沈殿する）．放置後，沈殿物を沪過する．沪液に重金属イオンが含まれていないことを確認したのち，中和して排出する．

硫化物共沈法

廃液中の重金属イオン濃度が 1％以下になるように水で希釈する．NaOH 水溶液を加え，pH を 9.0～9.5 になるよう調整する．Na_2S または NaSH 水溶液を加え，よくかきまぜる．$FeCl_3$ 水溶液を加え，pH が 8 以上であることを確かめたのち，一夜放置する．沈殿を沪過し，沪液に重金属イオンが含まれていないことを確認する．さらに S^{2-} の有無を調べ，これを含むときは H_2O_2 で酸化し，中和したのち排出する．

フェライト法（フェライト生成および磁気分離法）

廃液中の全金属イオン濃度が 1000 mg/L になるように調整する．pH を 2～3 とし，$FeSO_4 \cdot 7H_2O$ を加える．ついで，pH を 10 に調整し，65℃で 1～2 時間空気を通して酸化する．生成したフェライト沈殿は，磁気分離器で分離する．

5・4 重金属系有機廃液

重金属廃液処理にフェライト法を用いる場合には，共存有機物の存在はその処理に著しい支障をきたす．この場合には排出者の責任で，妨害有機物をあらかじめ酸化分解（または焼却，吸着）法により除去しておく．

酸化分解法

廃液に NaOH を加えて pH を 10 にしたのち NaClO 水溶液（または過酸化水素水）を加え，かくはんして一夜放置する．過マンガン酸カリウムや，廃クロム酸混液を用いることもできる．

5・5 放射性同位元素を含む廃棄物

　放射性同位元素（RI）やRIで汚れた物品などは実験室（管理区域）外へもち出して処分することはできない（厳密には表5・2のように管理区域内の物品のRIによる汚染の限度が決められており，またこの表の1/10以下であれば管理区域外へ持ち出すことができる）．このようなRI廃棄物は，また実験室内で長く保管することもできない．実験終了後はすみやかにつぎの表5・3のRI廃棄物の分類に従って分別したのち，各施設の廃棄物庫内で保管しなければならない．これらの廃棄物はのちに日本アイソトープ協会へひき渡され，処分される．

表 5・2 人が触れる物の表面汚染密度限度

区　　分	表面汚染密度 〔Bq/cm^2〕
α 線を放出するRI	4
α 線を放出しないRI	40

表 5・3 RI および RI で汚染された廃棄物の分類

分　類	内　容　物
可燃物	布類，紙類，木片
難燃物	ゴム手袋，プラスチックチューブ，ポリシート
不燃物	ガラス器具，注射針，塩ビ管，セトモノ，アルミ箔
非圧縮性不燃物	土，砂，鉄骨，鋳物
動物	乾燥後の動物（糞，敷わら類）
無機液体	実験廃液（pHを3以上に調整すること，沈殿は沪過する）
有機液体	有機実験廃液

注意：有機性廃液，α 線を出すRIを日本アイソトープ協会はひき取っていない．

6. 緊急対処法

　火災，有毒ガスの漏えいが起きたときには，人身に事故が及んでない状況でも緊急対処が必要である．なお，ここでは大地震などの大災害が起きていない状況について述べる．

6・1 消　火　器
　火災には初期消火ほど有効なものはない．化学実験をする人は消火器の場所と使用法を覚えておかなければならない

6・1・1 消火器の使用
❏ 使　用　法

　化学実験をする人はつぎの使用法を憶えておかなければならない（図6・1）．

① 安全栓を引き抜く　　② ホースをはずし火元に向ける　　③ レバーを強く握る

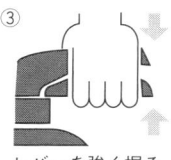

図6・1　消火器の使用法

❶ 安全栓を引き抜く．
❷ 火元のどちら側から噴射するか決めて近づく．ドアを背にが原則．噴射の方向を間違うと炎が横なぐりになり他の物が燃えることがある．
❸ 火もとの少し手前からレバーを握り噴射しながら近づき火の根元をねらってレバーを強く握って噴射する．手前からが大切．近づきすぎて，正常に作動しないとやけどすることがある．

　火が大きいとき，あるいは大きくなったときは数人で一斉噴射すると効果がある．

6・1 消　火　器

❏ 使用上の注意

実験室では後始末のことも考えて，余裕があればつぎの順序で使用する．

炭酸ガス消火器 → 粉末消火器 → 泡消火器

溶媒容器が破損して一気に火炎が上がると恐ろしさで足がすくみ何もできないことが多い．いざというときに備えて模擬火災消火訓練，屋外での消火訓練だけでもしておかないと，屋内火災が発生したときは気が動転してうまく対処できないことがある．少なくとも団体でときどき模擬消火器（消防署から借用可；水が出る）で訓練すべきである．

> フラスコに入れた 2 L ほどの低沸点の溶媒が加熱されていて，器具口に引火すると 2 m ほどの火炎があがる．この程度の火災は一人でも落ちついて消火器で処理すればすぐ消火できるが，あわてて容器でも割ると炎が広がり大事になることがある．

6・1・2　消火器の種類と性質

消火器は火災の種類に応じて開発されていて，記号で表示されている．

A：紙，木材，繊維が燃える**普通**火災　　　B：石油などが燃える**油**火災
C：電気設備が原因で燃える**電気**火災

表 6・1　消火器の種類と特性

名　称	区分	重量・容量	放射距離	放射時間	特徴など
炭酸ガス消火器	BC	3.2 kg	2〜4 m	16 秒	密閉された部屋や地下室で使用すると酸素欠乏になる恐れがある
粉末（ABC）消火器	ABC	6 kg	3〜6 m	6 秒	加圧式：レバーを握ると本体容器に内蔵されている圧縮ガス容器の圧力で放射する 蓄圧式：消火薬剤とともに封入している圧縮ガスの圧力で放射する
化学泡消火器	AB	8.5 L	4〜9 m	60 秒	炭酸ナトリウム水溶液と硫酸アルミニウム水溶液が別々に入っていて，使用直前に消火器を横転させ混合する．二酸化炭素が発生し，水酸化アルミニウムを含む泡を噴出するようにできている．握り手が下になっている
器械泡消火器	AB	6 L	4〜7 m	72 秒	界面活性剤を主成分とし，粉末の速効性と水系の浸透性・確実性を併せもつ
防火砂（乾燥砂）					アルカリ金属（カリウム，ナトリウム）の発火に有効．バケツなどに用意しておく．10 kg 以下でないと重いので使いにくい

6. 緊急対処法

それぞれの消火器には有効な放射距離と放射時間がある，消火器の大きさ（薬剤の重さ，容量）によるが表6・1は実験室に備えられている標準的な消火器の値である．図6・2に粉末（ABC）消火器の構造図を示す．消火器には使用期限があるので，日常的に使用期限の点検が必要である．

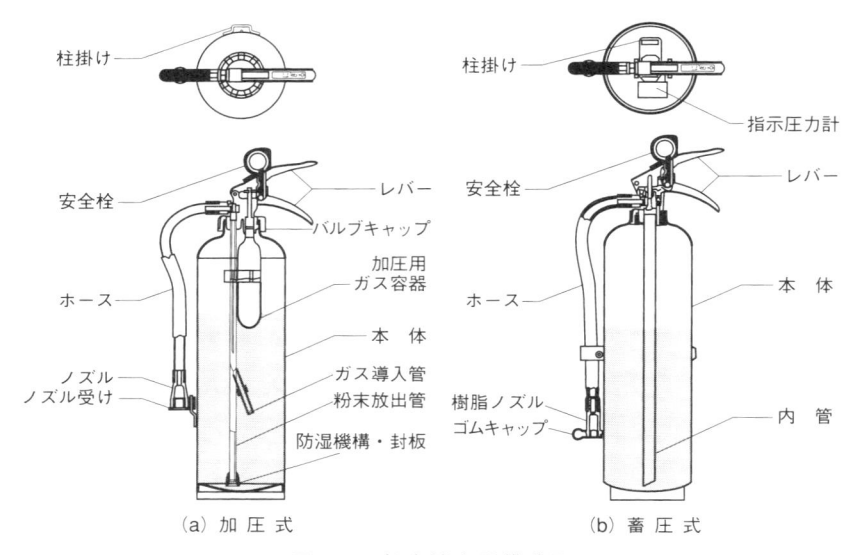

(a) 加圧式
柱掛け，安全栓，レバー，バルブキャップ，ホース，加圧用ガス容器，ノズル，ノズル受け，本体，ガス導入管，粉末放出管，防湿機構・封板

(b) 蓄圧式
柱掛け，指示圧力計，安全栓，レバー，ホース，本体，樹脂ノズル，ゴムキャップ，内管

図 6・2　粉末消火器構造図

6・2 応急処置（ファースト・エイド）

事故が起きて人身事故に至ったとき，居合わせた人がけが人，急病人に対して応急手当（ファースト・エイド）を行う．その際一般的にはつぎのことを守る．

> ❶ 何をおいても安全な場所にけが人を移す．
> ❷ 夜間では照明を確保すること，暗やみはけが人に精神的パニックをひき起こす．
> ❸ その場に数人いる場合はひとりが応急手当を行い，他のものはメディカル・ヘルプ（救急救助隊）に連絡する．そばにひとりしかいない場合，緊急看護が必要な者を放置して救急隊をよびに行ったり，そばを離れてはならない．けが人はそれだけで精神的パニック状態になり致命的になることさえある．

6・2 応急処置

6・2・1 目に薬品が入った場合

専用装置でただちに水洗いする．すぐに必ず眼科医の診察を受ける，遅れると取返しがつかない事態になることがある．特に，アルカリ水溶液が眼に入ると失明することがある．アルカリ，塩基性化合物を扱うときには，ゴーグル型保護眼鏡を必ず着用する．

6・2・2 火災によるやけど

メディカル・ヘルプが到着するまで，最初は衣服を脱がさないでやけど部分を流水で冷やす．やけど部分が大きい場合は緊急用シャワー，ホース，容器などを利用してとにかく25分以上冷やす．様子をみて水をかけながら衣服を脱がす，やけど部分は脱がさないほうがよい．なお，治療の妨げになるのでアロエ，チンク油などは決して塗ってはならない．

6・2・3 ガラスによる傷で出血がある場合

けが人を座らせるか寝かせて，(ガラスが刺さっている場合は取除き) 止血する．けが人を立たせたまま治療すると，傷が小さくても脳貧血で卒倒する場合がある．卒倒して頭などを打ちつけると大事に至ることもある．

6・2・4 化学反応による爆発で飛び散ったガラスでけがをした場合

衣服，靴などを早く取除く，脱がせるのが無理ならはさみで切り取る．皮膚についた薬品を布または紙で取除く，ガラスも除く．最初から水などで洗い流さない．つぎに傷口を水でよく洗浄し，止血する．

止 血 法

止血手当をするときは，感染防止のため血液に触れないようにする．触れた場合は医者にそのことを告げ指示に従う．

小さな傷でも深い (ガラスなどによるさし傷) と傷の部位を強く圧迫しても止血しないことがあるし，手足の血管が切れた場合は大量に出血する．

推奨される止血法はつぎの通りである．

・きれいなガーゼ・ハンカチを傷口に当て，手で圧迫する．

- 大量出血の場合，傷口より心臓に近い部位に布をゆるめに結び，その間に棒（数本の鉛筆またはボールペンで代用できる）を入れる．
- 入れた棒と腕の間に当て布を入れて皮膚が傷つかないようにする．
- 出血が止まるまで棒を静かに回し，そのまま固定する．
- 救急隊の到着が遅れる場合，30分から1時間に1回，傷口から血がにじむ程度圧迫をゆるめ，1〜2分したらまた締める．

6・2・5 薬品中毒

ここでは一般的注意を述べる．個々の物質についての対応は§6・3を参照のこと．

❏ 飲み込んだ場合

薬物を飲み込んだとわかったら，ただちに薬品中毒センターに連絡をとり指示を仰ぐ．

意識があれば原則として吐かせる．しかし，強い酸，アルカリ，ガソリン，灯油，噴霧剤，殺虫剤，および漂白剤を飲んだと疑わしい場合は意識があっても吐かせてはならない．吐かせると呼吸系器官を傷める恐れがある．医療機関へ運ぶ．意識がなければ，寝かせたままで，一刻も早く救急車をよぶ．

固体薬品が口に入ったときはうがいで吐き出す．微粉末を吸入していることがあるので鼻腔も洗浄器または水道栓に付けたホースで洗浄する．

❏ 有毒ガス

薬品中毒で怖いのは有毒ガスの吸入である．酸素ガス（容器は小さなものでよい，スポーツ用品店で購入できる）を吸入させる．

❏ 溶媒蒸気の吸入

大量の溶媒を取扱っているとドラフトフード内で取扱っても溶媒蒸気を吸入して，気分が悪くなったり，酒に酔った気分になり急に陽気になったりする．この場合，すぐに屋外に行き新鮮な空気を吸う．対策としては，吸着剤入りのマスク使用を励行するとともに，操作も性能の良いドラフトフード内で行うなどする．

溶媒吸入で倒れるほどの場合には気道を解放して呼吸があるかないかを調べる．呼吸がない場合には人工呼吸を開始する．呼吸を開始すれば酸素吸入をする．

> **長期間の溶媒暴露について**
>
> 溶媒を長期間扱っていると，頭痛，めまい，はきけ，食欲不振，倦怠感，不眠などといったシックハウス様症状を呈することがある．さらに，皮膚炎，まひ，しびれ，歩行困難などの神経症状も起きる．問題は個人差が大きいので溶媒が原因とわかるまで時間がかかることがある．このような症状が出たときや血液検査で異常（白血球の異常など）がみつかったときには，まず溶媒などの薬品を疑うべきである．なお，血液検査などの健康診断では正常なときの値が異常性を見つける判断材料として大切であるから必ず受診する．

6・3 解毒・中和薬品および物質ごとの応急処置

薬物などを誤って飲み込むと吐かせればよいと信じている人が多いが，つぎのものは吐かせてはならない．

　　　　　　強い酸，アルカリ，ガソリン，灯油，噴霧用殺虫剤，漂白剤

化学薬品の中和剤や薬などを与える場合は，医師や中毒センターの指示に従う．用意されている中和剤の容器などに表記されている中和法をうのみにして中和剤を与えない方が安全である．

飲み込んだ薬品濃度を薄めるからと水を飲ませるのは誤った対応である．水を飲ませてよいのは医師の指示があった場合に限ってである．

表6・2に代表的な物質に関し応急処置を示す．

表 6・2　化合物事故に対する対応[†]

化 合 物	対 処 法
水銀系化合物 　塩化水銀(Ⅰ)　　HgCl 　塩化水銀(Ⅱ)　　$HgCl_2$ 　塩化メチル水銀(Ⅱ) 　　CH_3HgCl	吸入した場合：鼻をかませ，うがいさせる 飲込んだ場合：牛乳，卵白を飲ませる
塩酸　HCl	胃部破裂の危険があるので吐かせない．水で薄めた牛乳をゆっくり飲ませる
塩素　Cl_2	患者を毛布にくるみ安静にさせ新鮮な空気の場所に移す
シアン化水素　HCN	吸入事故：安静にさせ新鮮な空気の場所に移す．酸素吸入も行う 飲込み事故：口をすすぐ．微温湯水または1％チオ硫酸ソーダを飲ませて吐かせる．亜硝酸アミルを吸入させる．3％亜硝酸ナトリウム液を服用させる
硫化水素　H_2S	亜硝酸塩を投与．亜硝酸アミルを吸入させる

表 6・2 (つづき)

化合物	対処法
水酸化ナトリウム NaOH アンモニア NH₃	飲込み事故: 口をすすぐ. 水, ついで食酢を水で 5 倍ぐらいに薄めたものを 500 mL 程度飲ませる 吸入した場合: 酸素吸入 目に入った場合: 30 分程度洗眼用水道栓で洗眼する
黄リン P₄	吐かせる. 腎臓や腸からの排出をはやめるために, 多量の水分, お茶を飲ませ, また下剤として硫酸マグネシウムを温湯に溶かして与える
三フッ化ホウ素 BF₃	吸入した場合: 新鮮な空気の場所に移す. 酸素吸入
一酸化炭素 CO	安静にさせ, 新鮮な空気の場所に移す. 純酸素を高圧 (2 気圧, 1 時間) 吸入する
ホスゲン COCl₂ (火災時に塩素を含む資材から発生)	安静にさせ, 新鮮な空気の場所に移す. 純酸素を高圧 (2 気圧, 1 時間) 吸入する 50〜80 ppm に 10 分間暴露すれば致命的 解毒剤, 拮抗剤はない. ヘキサメチレンテトラミンは予防的に効果があるが, 吸入後は無効
酸化カルシウム CaO	飲込み事故: 牛乳 (120〜240 mL), 卵白を与え消化器系組織を保護する. そのままの催吐は危険 付着した場合: 油でまず除く. その後水洗して除く
メタノール	口をすすぐ. 吐かせる. 3 時間以内なら 1〜2 %炭酸水素ナトリウム水溶液で胃洗浄する
フェノール クレゾール (致死量 2 g)	吐かせない. 多量の水を飲ませる. オリーブ油や他の植物油を十分に与える (鉱物油およびアルコールは与えない). 牛乳, 卵白を飲ませる
アセトン (スプレーのり, 化粧品の溶剤などに含まれる)	気管への誤嚥による化学性肺炎を併発しないために, 吐かせない
鉱物油(ベンジン-ベンゼン, ヘキサン, キシレンを含む, 灯油など)	拮抗剤, 解毒剤はない. 流動パラフィン (30〜100 mL) を投与する. 吸着剤, 下剤を投与する
アセトニトリル	吐かせる. 体内でシアンを生成するので 4-ジメチルアミノフェノール塩化水素を静脈注射する. チオ硫酸ソーダ溶液も投与する
シュウ酸塩 (カタバミ科, タデ科の植物成分)	牛乳, 冷水, アイスクリーム, アイスキャンデーを飲食させる. 大量の場合は催吐させる. 下剤の投与も行う

† 以下の書籍を参照した.
- "化学物質安全性データブック", 上原洋一監修, 化学物質安全情報研究会編, オーム社 (1994).
- "急性中毒処置の手引き: 必須 272 種の化学製品と自然毒情報", 第 3 版, 日本中毒情報センター編集, 東京薬業社 (1999).
- "危険物ハンドブック", ギュンター・ホンメル編, 新居六郎訳, Springer-Verlag, 東京 (1991).

6・3 解毒・中和薬品および物質ごとの応急処置

救急箱の中

(定期点検,取り替えを忘れずに)
- 救命救急マニュアル本
- はさみ　・ピンセット　・安全ピン　・傷の消毒液　・脱脂綿
- 滅菌ガーゼ　・オキシドール　・カットバン　・三角巾　・包帯

中大型救急品　(1箇所にまとめておく)
- そえ木　・止血帯　・洗面器　・消毒用エタノール　・ロープ　・毛布
- 担架:傷害者を安全な場所へ移動するには担架(棒型,四つ折り型)が必要な場合もありうる.少なくとも各階に(50人程度がいると仮定して)2台は備える.

健康カード携帯のすすめ

下記事項を書いて携行すると万一の際に的確で素早い対応が可能になる.ただし,個人情報が悪用されないように携帯には注意が必要である.
- 住所,氏名,生年月日,家族への連絡先.
- 血液型,持病,アレルギーの有無,ホームドクター,服用中の薬剤,通院中の病院名.平常血圧,脈拍数など

7. 実験室の安全管理

7・1 緊急事態対応策

発見が遅れて初期消火（消火器などによる）ができなくなった場合，あるいは最初から爆発的に大きな火災が生じた場合は，以下の順で行動する．

> ❶ 安全な場所へ避難する．あわせて周囲にも大声で"火事！"と知らせる．
> ❷ 被害者の救助に務める．
> ❸ 消防署へ連絡する．

煙がひどくなると避難路が制限される．近くに防毒マスクなどがない場合にはぬれタオルでマスクをして，はって避難する（床に近いほど煙が少ない）．

7・2 緊急連絡先

緊急時に必要な連絡先には以下のようなものがある．
　　　総合病院［複数（優先順位をつけて）］，各種専門医院，
　　　中毒センター，消防署，警察，保健所
これらを目立つように複数箇所に掲示する．救急車・消防車が何分で到着するかも掲示しておくのが望ましい．

7・3 避難路の確保

屋外へ確実に非難できる避難経路の確保が重要なので，実験室内の経路を確保するだけでなく，避難ばしご，縄ばしごの用意も忘れてはならない．

実験室には非常口を含めていくつかの出入口がある．最近では廊下側に2箇所と窓際に2箇所以上（部屋の大きさによる）の非常口が標準となっているが，大学では実験室の狭さや物品の多さから，非常口の前に物品が置かれている例が少なくない．避難する事態が長い間起こらなかったり定期的監査などがないと，いつのまに

か非常口が完全にふさがっている場合さえある．たとえふさがっていなかったり，物品が置かれていなくても，出入口の側の壁面に置かれている物品棚，薬品棚などが固定されていなかったり，固定が不十分な場合もある．これらが地震で倒れると，中の保管品なども散乱して避難路をふさぐ．地震も想定して避難路対策をしておくことが重要である．つまり，実験室内の避難路を確保するには

> ❶ 出入口に至る経路には物品をおかない．
> ❷ 地震の際でも物品庫などが倒れないようにしておく．

を掛け値なしに実行しなければならない．

8. 防災設備と安全対策

8・1 局所排気装置

環境空気中の許容濃度についての日本産業衛生学会の勧告に基づくと,毒性がエタノールやアセトンより上のレベルの有機溶媒は通常の実験ベンチで取扱ってはならないことになる.最新の実験台はこのことを考えて,簡易排気設備も付置されている.

有毒ガスを使用あるいは反応中に有毒ガスが発生する実験の場合はドラフトフードを利用する.ドラフトフードにはスクラバー(scrubber,ガス洗浄)型と活性炭吸着型がある.活性炭吸着型は有機溶媒を加熱するレベル以下の実験のみに使用できる.

❏ スクラバー型ドラフト

スクラバー型のドラフトには循環式の水槽が付随している.この水槽の水は,必ず使用前に捨てて新しい水に交換してから,中和液を投入して使用する.使用後には水槽の水のpHをpH試験紙またはメーターでチェックしてから,中性にして廃棄し,新しい水に交換して,2〜3分ドラフトを運転する.

循環式の水槽の中で捕集する対象ガスと投入する中和液は表8・1の通りである.あまり濃い中和液を投入するとスクラバー装置を傷めるので,薄い中和液(0.5 M程度の溶液を1L程度,次亜塩素酸ナトリウム水溶液も原液を1L程度)を用いて,

表 8・1 スクラバー型ドラフトの洗浄液と対象ガス

対象ガス	中 和 液
塩基性ガス	希硫酸
酸性ガス	水酸化ナトリウム水溶液
シアン系ガス メルカプタン	次亜塩素酸ナトリウム水溶液 (+水酸化ナトリウム水溶液)
ハロゲン類	チオ硫酸ナトリウム+水酸化ナトリウム水溶液

水槽の水のpHをチェックしながら（メーター，あるいは試験紙）こまめに交換するのがよい．

スクラバー型ドラフトもすべてのガスを捕集できるわけではない．発生ガス，注入ガスは，たとえドラフト内であっても直接排出しないでトラップを通して排出する．

❏ 排気装置だけのドラフト

簡易ドラフトと同じなので毒性の強い有機溶媒の加熱実験には使用してはならない．漏えいすると捕集できないので大気に大量に放出することになる．

❏ 簡易ドラフト（実験ベンチの排気設備）

排気装置だけのドラフトに比べても排気能力は劣っている．あくまでも空気中の溶媒蒸気の濃度を低下させているだけであることを忘れてはならない．

排気設備がない古い型の実験台でも効率良い局部排気ができる．図8・1のように排気管を実験台上に設置する．空気抵抗が大きくなり排気効率が悪くなるので，排気管の径として15〜20 cmは必要である．有機溶媒の蒸気は空気より重いので，下部で排気する．上部で排気するには強力な排気能が必要である．蒸気が拡散しないようにビニールシートで囲うことが大切である．

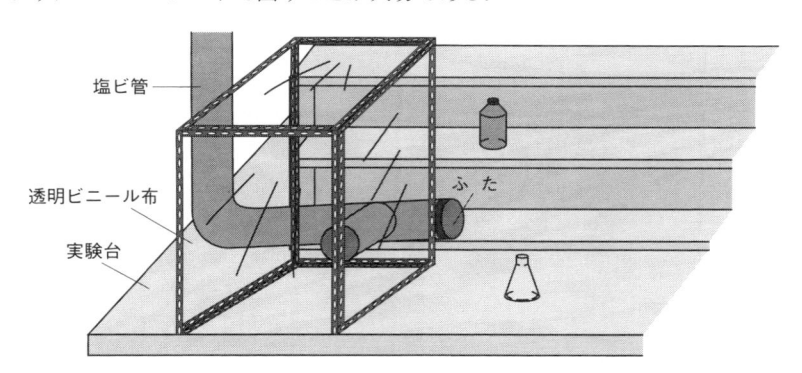

図 8・1　簡易ドラフト

8・2　洗眼装置・緊急用シャワー

いずれも日常的に鉄さびが出ないか確認する必要がある．赤さびが出る場合は何回も作動し，赤さびを除いておく．毎月1度，定期点検するのがよい．

8. 防災設備と安全対策

❏ **洗 眼 装 置**

　洗眼用シャワー（図8・2）や洗眼用水道栓（上向き）（図8・3）の設置が望ましいが，専用栓が設置できない場合は少なくとも1箇所の栓に管（ガス管など）を付け，眼を洗浄できるようにしておく．

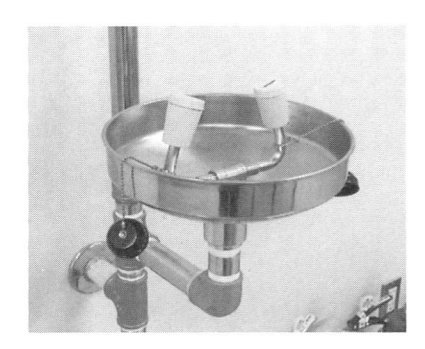

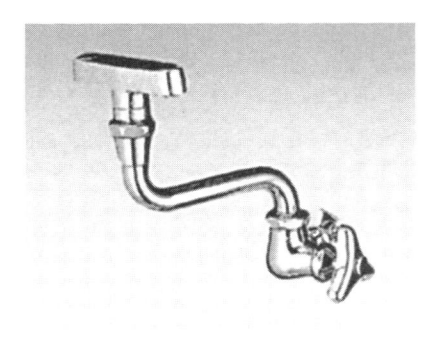

　　　図8・2　洗眼用シャワー　　　　　図8・3　洗眼用水道栓（アズワン㈱提供）

❏ **緊急用シャワー**（図8・4）

　着衣が燃えたとき水をかぶるためのものである．毎月1回，定期点検して日付，点検者，様子，修理の有無などを記録しておくのがよい．

　定期点検の実施を考慮し，実験室の設計時には緊急シャワー下に排水口を設置すべきである．

　シャワーは実験室内と廊下の両方に設置するのが望ましい．

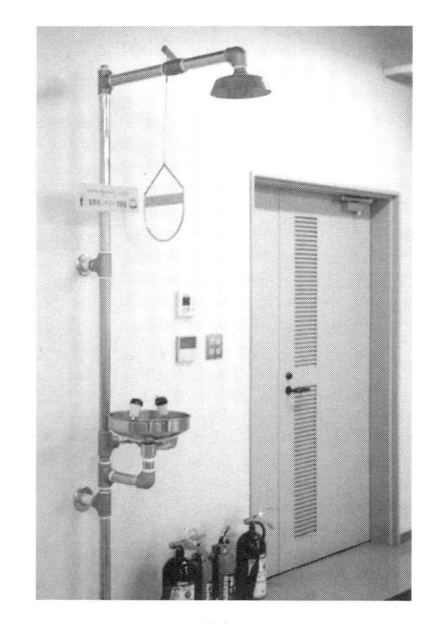

図8・4　緊急用シャワー

8・3 消火設備

スプリンクラーの設置が望ましいが，残念ながら備えた建物は少ない．消火器の特性と使用法は§6・1を参照せよ．

8・4 防護用具と防災用具

防護用具と防災品は共通備品として備え付けられていなければならない．基本的な防護用品と防災用具は表8・2の通りである．

表8・2 実験室の防護用具・防災用具

防護用具・防災用具	注 な ど
非常灯と懐中電灯	適宜電池を交換する
保護眼鏡	ゴーグル型を用いる．簡易型は保護にはならない（口絵3a）
保護手袋 　耐　熱 　超低温用 　化学用	ゴム製化学用手袋もすべてのガス，薬品に対して耐浸透性があるわけではない．性能を調べて取扱い薬品に応じて使用すべきである
防毒マスク（口絵3b） 　有機ガス用 　（対応ガスを確認後使用） 　ハロゲンガス用 　酸性ガス（塩酸ガス）用 　アンモニア用 　亜硫酸，硫黄用 　硫化水素用	ガスの種類に応じて吸収剤が異なるのでよく確認する．有効期限と使用時間があるので，適宜交換する
保護面（口絵3c）	爆発の危険がある反応，急激な反応で内容物が吹き出す恐れがあるときに着用する
保護衣	防炎耐熱用などがある．前掛け，腕カバーなど
安全ついたて	透明な板がよい．死角対策にはミラーを併用する
安全靴	重量物を移動するときに足に落下すると大けがをすることがあるので着用する
静電気防止用品	静電マット，静電防止マット，ストラップアース線，静電安全靴など
安全標識板	毒物保管場所表示などは法律で決められている．やたらと表示しては効果は薄いが，必要な場所の安全表示板は役に立つ．[故障中，スイッチを入れるな，感電注意，レーザー使用中など]
メッセージスタンド	立ち入り禁止区域を囲い標識板をたてる．実験従事者，実験の種類，使用薬品なども明示するとよい
担　架	大型救急品として配備する

これらは実験室の管理者が準備しなければならないが，使用者にも点検の義務がある．たとえば，使用後に不都合があるのを知りながら監督者に知らせないのは義務違反である．

8・5 地震対策

大きな地震を経験すると地震対策が必要と痛感するが，地震の被害などをテレビや報道写真で見るだけではどの程度の対策をしておけばよいのかわからない人が多いであろう．まずは下記の"阪神・淡路大震災"を読んでから本文を読んでほしい．

阪神・淡路大震災の災害例からわかることは，地震が発生すると

- 家具類が倒れる，固定されていない小物は飛び散る，停電になるといった事態になる．
- 実験室では薬品がまき散らされ，それも原因の一つになって火事が発生する．混乱状態での火事は，火事だけといった場合と異なり，消火も難しい．

したがって，地震が発生して火事が発生してもすぐ消火できる対策づくりが地震対策そのものといえる．

阪神・淡路大震災

日本列島は地震列島である．図鑑などで過去に発生した大地震が載っている世界地図をみると，日本とその付近での発生がいかに多いかわかるであろう．直下型地震の原因となる活断層も日本国中至るところにある．事実，有史以来（400年ころから）約440件の大地震が日本列島を襲ってきた，10年に3件の割合である，ここ10年をみても大きな地震が発生し日本各地で甚大な被害を被ってきた．

多くの人は震度4～5程度の地震を経験しているが，震度6～7の地震を経験した人は少ない．どんなことが起きたか，阪神淡路大震災の災害例をあげておく．

❏ 一　般

高速道路の橋脚が破壊された．グランドピアノが仰向けになった．10階以上の耐震ビルは倒壊しなくても激しい揺れのため，固定しない家具類（椅子，テーブル）が動き回り，巻き込まれた人間が死亡したり，重傷を負った．転倒した家具類の下敷きになり多くの人が死亡したり，大けがをした．電気，ガスが原因で多くの火災が発生した．

8・5 地震対策

❏ 実験室での被害状況

　大型実験台，ドラフトでも 10～20 cm 移動したため，排気用のダクト管が破壊され，金属の配管類（ガス，水道，窒素ライン，真空ライン）の多くは破損した．施錠していなかった引き出し類は落下し，扉が開き中の物品類が落下破損していた．卓上設置型小機器で落下防止をしていなかったものはすべて落下した．転倒を免れた薬品庫も扉が開き薬品が落下散乱した．
　有機化学系実験室では，運転中の機器（通電中）の近くで転倒した試薬瓶からもれた溶媒に引火して 1 実験室が全焼した．この火事でその階近辺の実験室などには煤煙が入り込みコンピューターなどに大きな被害を与えた．また，最下層までの階下の実験室は類焼は免れたとはいえ，消火に使用した水のため水浸しになった．化学消火液も使用されたので書籍，書類データー，フロッピーディスクが多数破壊された．

❏ ガラス製の反応装置

　実験中にも地震が発生することを予期してガラス器具装置を組む必要がある．移動タイプのスタンドは弱い地震でも倒れることが多いので，実験台に固定したフレームを利用して反応装置や蒸留装置を組むことが望ましい．移動タイプのスタンドしか利用できない状況でも倒れないようにひもなどで固定する．

❏ 薬品庫，冷蔵庫，器具庫

　大型 L 字金具（1 辺の長さ 10 cm 以上，幅 4 cm 程度）などを使用してしっかりと，壁または床に固定する（図 8・5，図 8・6）．小型金具は役にたたない．床，壁面固定が困難な状況では天井の梁と保管庫に金具を取付け，鎖で結び固定する．床・壁面固定の実際については p.113，"床・壁面固定法"を参照せよ．
　保管庫に金具が取付けられない場合は自動車のタイヤ交換時に使用するジャッキを応用する．原理は一般家庭で家具の転倒防止法として利用されている天井に支柱器具（市販されている）を押しつけて固定するのと同じである（図 8・7）．高さ調整にジャッキを，支柱固定棒として L フレームを使用する．L フレームは必要に応じて合わせて強化する．なお，天井部になる方は厚さ 5 cm 程度の板（2，3 枚の板を合わせてもよい）に固定しておく．

8. 防災設備と安全対策

扉も補助具（ドアストッパー）を用い振動で開かないようにする．固定がいい加減では揺れて中の保管薬品が飛び出し，瓶が破損して薬品による被害も発生する．使用時以外は施錠しておくこともよい方法である．ただし，上からの半回転式の鍵は役に立たない，跳ね上げられてしまう，最新式の鍵を使用すべきである．

保管庫が揺れないように固定されていても瓶は揺れて破損するので，瓶も間仕切り箱（コンテナー）に入れ，詰め物で固定しておく．

冷蔵庫の扉にもドアストッパーを取付ける．冷蔵庫の中は工夫して間仕切り箱などで瓶などの揺れ防止策をする．

図 8・5　薬品庫の固定

図 8・6　L 字金具

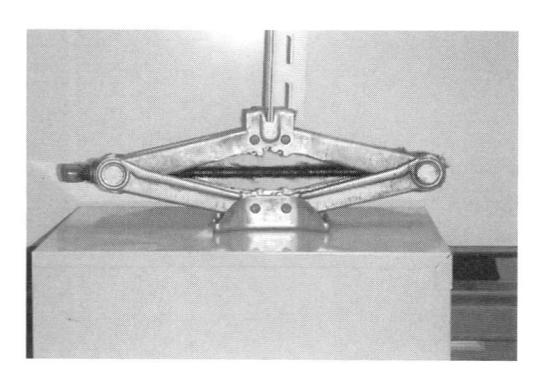

図 8・7　保管庫の固定

床・壁面固定法

　ボルトを使用してL字金具などを固定するので，まずボルトのサイズに合わせてコンクリートドリルで穴をあける．穴を開ける際あらかじめ寸法を合わせることがうまく固定するポイントである．ドリルに深さに合わせてビニールテープを巻き付けておき，これを目安として適切な深さの穴をあける．失敗する場合を考えて，もう1箇所開けられるように場所を設定することも大切である．床・壁面へのボルトを固定してから保管庫などに穴をあける．

　床・壁面へのボルトの固定には以下のような種類のアンカーがある．

● **機械的アンカー**　　ほり込みアンカーとよばれるもので各種の名称で各種サイズのものが市販されている．振動ドリルでコンクリートにアンカーの太さに合わせて穴を開ける．ほり込みアンカーを入れて頭をたたき込むと，アンカー先端のくさびによって外に開き穴の周囲に強く押しつけられ，抜けなくなる．L字金具を添えそのアンカーのねじにボルトをねじ込み固定する（図8・8）．

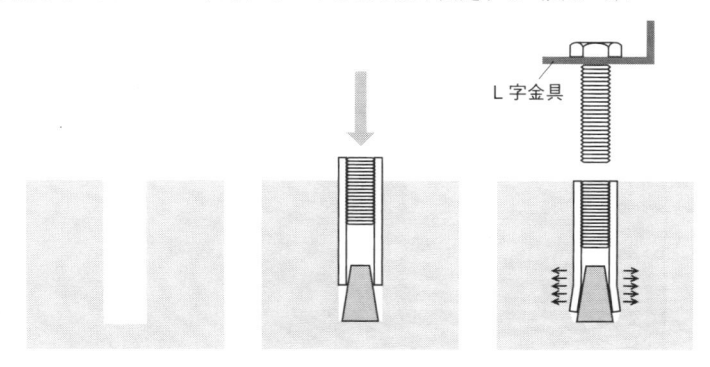

図8・8　機械的アンカー

● **コンクリート用プラグ**　　くさびの中に雌ネジが切ってあり，ボルトを入れてねじ込む．くさび穴の表面方向にアンカーがひき寄せられてくさびの鉛製外筒を強く孔壁に押しつけることになり，ぬけなくなる（図8・9参照）．

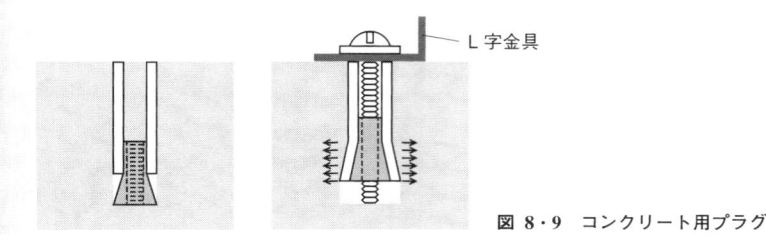

図8・9　コンクリート用プラグ

8. 防災設備と安全対策

- **ケミカルアンカー**　アンカーの太さに合わせて穴を開け，つぎに接着剤と硬化剤が入ったカプセルを入れ，ドリルでボルトを打ち込む．両剤が混合されボルトが固定され抜けなくなる．
- **天井を利用する場合**　天井の梁から鎖で固定する．床固定しかできない場合，天井の梁に大型のL字金具を取付け，鎖を専用金具（カラビナタイプの金具）で固定する．残念ながら少しゆるみが生じるが転倒防止は確実である．

❏ **小型測定機器などの固定**

落下防止用固定金具がつけられるように設計されていれば問題はないが，そうでない場合は止め金具がつけられないので小型L字金具を取付けた板を何箇所かに配置し，はさみ込むようにして動かないようにする．

厚手のゴム板を下に敷くと滑りどめ効果になる．震度6〜7レベルの地震では物体は跳ね上がるので，市販されている固定ひもを機器にまきつけ，それを壁に取付けた金具に固定する（図8・10）．

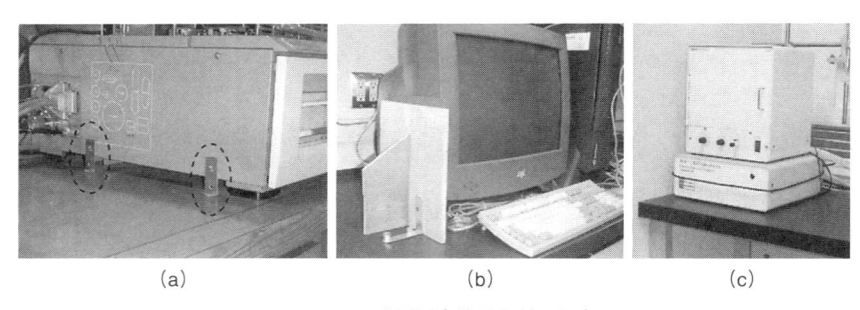

図 8・10　小型測定機器などの固定

実験台の常備小出し薬品について

固体薬品で汎用であり毒性の小さいものは法律上は問題ないが，管理上は問題である．量の把握がむずかしいのと，いつのまにか劇物などが隣り合って並ぶようになる．また，可燃性液体は100 mLレベルの小瓶でも帰宅時には薬品庫に戻すことを励行すべきである．実験中も実験台での転倒防止策を講じなければならない．

8・5 地震対策

❏ ボンベの固定

　可燃性ガス，毒性ガスは高圧ガス保安法および一般高圧ガス保安規則に基づき，シリンダーキャビネット内の固定台に収納する．

　シリンダーキャビネットに入れる必要がないアルゴン，窒素ガスなどの不活性ガスはガス販売会社から購入できる専用固定台を機械的アンカーなどで床と壁に固定し，それにボンベを鎖または帯金具で固定する（図8・11）．

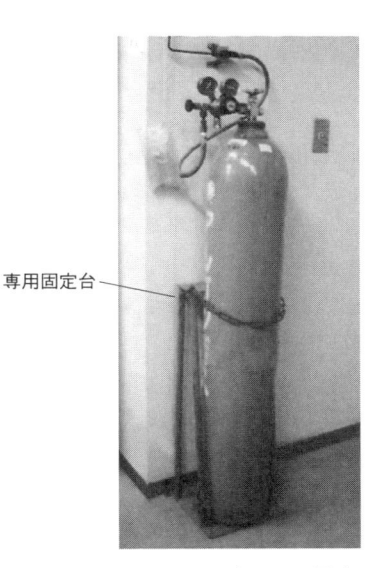

図8・11　ボンベの固定

9. 薬品管理

薬品管理を行うには，使用者が化学物質の毒性，安全性を知らなければならない．さらに国の法規制にのっとって管理しなければならない（☛§2・1）．種々のデータベースが用意されている．

9・1 薬品管理体制

薬品管理も階層，立場によって重点の置き方が異なる．
- **使用者の責任** 学生には管理責任はないが，ずさんな使用は絶対しないという自覚が必要である．
- **研究室や研究グループでの管理** 実務的管理が要求される．薬品の購入，使用，廃棄の記録をもらさずにしなければならない．公開が原則であり他人の監査で評価，すなわち管理上の問題点の指摘を受け，それにしたがって改良する必要がある．
- **学科レベルでの管理** ここもしっかりしないと効果があがらない，助教授，教授層が担当する場合が多いが，現場を離れていることも多い層なので，若手も入れて新しい管理体制をつくっていく必要がある．
- **部局・大学の責任体制** 部局および大学は全体の管理体制の構築に責任をもたなければならない．法律に適合するルールをつくらなければならない．

9・2 保　管

薬品管理上最も重要なことは不要薬品を保管しないことである．たとえ薬品管理システムが完璧であるからといっても薬品の総量が増加すればそれだけで実験室の危険度は増すことを理解しなければならない．購入して5～7年も手つかずに保管されている薬品は，いくら高価であっても破棄するか，必要とする研究者に提供すべきである．こういった不要薬品が溜まるのは意外に速い．（☛§8・5）

9・2　保　管

9・2・1　薬品管理システム

　劇物，毒物，危険物を問わず薬品の保管量と使用量の経過を記録すべきである．こうすることによって不要薬品の廃棄時期も決定しやすくなる．保管量は定期的に点検し，法定数量制限内か検査する必要がある．PRTR（pollutant release and transfer register）法などに対応するためにもパソコンによる薬品管理支援システムの導入が望ましい．このシステム導入が難しい場合には，カード，またはパソコンを使用して管理する．

パソコンによる薬品管理支援システム

　薬品は法律に従って管理し，保管状況や使用，廃棄状況も報告しなければならない．手間暇かからず，最も安全で確実なのはパソコン支援システムの導入である．つぎのような特長がある．

・薬品の購入，使用量，廃棄の記録と安全保管ができる．
・記入ミス，記入もれ，ノート紛失といったトラブルがなくなる．
・パスワード方式または指紋照合センサー方式が採用されている．
・保管庫の開閉（電磁弁ロック）または鍵箱の開閉とその記録，天秤での秤量と記録が可能で，薬品庫の不正開閉ができないので盗難防止もできる．
・毒物，劇物，危険物の薬品管理はもちろん PRTR 報告用の集計も瞬時にできる．
・MSDS（化学物質安全性データシート）ソフトを入れておけば実験中の事故にもすみやかに対応できる（市販されているシステムでは備わっている）．
・地震対策も完全なら，現在では完璧な方法であるといえる．

　使用前は面倒な面をいろいろと想像し，コストとの兼ね合いも考えて導入を渋る向きもあるが，使い慣れると非常に便利である．大学の実験室では何をおいてもこれという時代が到来している．

安価な薬品を必要以上に購入しない

　安価な薬品は必要以上に購入する傾向があるがこれもやめた方がよい．たとえば，ある薬品の 25 g 単位の値段が 100 g 単位の 4 倍で，実験に 30 g だけ必要な場合に，100 g 入りを購入するのは間違いである．残り 70 g の廃棄に何倍ものコストがかかると考えなければならない．

9・2・2　薬品庫，冷蔵庫・冷凍庫

❏ 薬品庫の整備

地震対策と保存薬品の盗難防止のため薬品庫は壁，床固定などをしておく．施錠も必要である．

いくら薬品瓶の栓をしっかりしめても気密が悪くなり漏れるので，薬品庫には排気設備が必要である．空気抵抗が大きくなり効率が悪くなるので，ダクトにつなぐ排気管の径として 15～20 cm は必要である．薬品庫がいくつかに分かれいてすべての保管庫に排気管の取付けができない場合には，炭素数が 10 程度までの有機化合物と少しにおいの強いものを集めて排気管付きの保管庫に保存する．

❏ 冷蔵庫，冷凍庫

霜がつくと性能が劣化するので，必要であれば霜取りを行わなければならない．古い冷凍庫は霜がつきやすいので特に注意する．

特殊可燃物（ペンタン，ジエチルエーテル，二硫化炭素など）は防爆冷蔵庫に保管する．毒物，劇物などで冷蔵，または冷凍保存が望ましい薬品もそうすべきである．

鍵が付置されていない場合は鎖で扉ごと施錠する．

❏ 定期点検の実施

保管状況を適切に保つため，つぎのような項目を定期的に点検する必要がある．

> ❶ 薬品の劣化によって酸などを発生し，保管庫全体が汚染されていないか．乾燥剤の劣化により乾燥剤を必要とする薬品が劣化していないか．
> ❷ 法定以上の量（特に溶媒）が保管されていないか．
> ❸ 毒物，劇物，危険物が所定の場所から移動していないか．
> ❹ 混合すると危険なガスが発生する薬品が近接して保管されていないか．
> ❺ ラベルがはがれていないか（ラベルがはがれていると廃棄費用もかさむ）．

9・3　移　　送

廊下，階段，エレベーターを利用して薬品や廃液・廃棄物，特に溶媒・廃液を移す際には，容器破損時の溶媒の飛散防止のため，移送用容器（バケツで代用可）に薬品瓶を入れて運ぶべきである．多数の瓶を同時に運ぶのは事故のもとである．万一の事故を想定し，エレベーターを利用するときは溶媒だけをのせ無人で移動させる．

9・4 飛散・遺漏事故の防止と対応
9・4・1 事故への対応
　薬品の遺漏による危険が予想される場合は必要な中和剤の準備をしてから実験を開始する.

　有機溶媒が遺漏したときは電気火花発生源の電源は切る. ただし, 電源を切るときにも電気火花が発生する場合が多いので, 火花が発生する機器の電源は切ってはならない.

　事故で散らばったものは回収する. ドラフト内の排水管は別経路の配管ではなく, 危険なもの, 汚いものを捨てる専用排水管はないことを心得るべきである. 回収物が液体で有機溶媒と水の混合物として回収した場合は, 2層分離後処置する. 2層分離しない場合は有機廃液として処理する.

　規模の小さな事故は頻繁に起こるが対応の訓練が案外忘れられている. 1 L以上の溶液などがこぼれたときを想定して, 中和剤, 回収道具の準備ができていないとどうなるか, また事故が起きたときどのような手順で後始末するかについて日ごろから訓練しておくべきである. また, 使い捨て**回収道具キット**を用意しておくとよい. キットには吸収パッド, 小型スコップ, 作業用手袋 (ニトリルラテックス, 耐酸, 耐アルカリなど), ゴミ袋, 回収物を入れるふた付きバケツなどを含めておく必要がある.

　飛散した薬品が床面を傷つけたり, しみ込んだりすることがある. 洗ってもにおいが残るようなら床面を張り替えた方がよい.

9・4・2 溶媒排出防止対策
　多量の溶媒の排出事故が起きたときは廊下へ溶媒蒸気を出さないようにしなければならない. 実験室外に蒸気が漏れ出ると, 中毒, 引火など二次災害の恐れがある.

❏ 溶　媒　抽　出
　抽出操作後の水溶液には有機溶媒が溶解しているので, 水溶液は操作直後に流しに廃棄してはならない. 塩析で有機溶媒を分離させ, その後ドラフト内にて放置, 蒸発させる. ジクロロメタンのように比重が水より大きい溶媒の場合は1度ヘキサンで抽出する.

9. 薬品管理

❏ 蒸　　留

溶媒の蒸留では蒸気が漏れないように，器具の点検をていねいに行ってから実験を始める．低沸点溶媒は受器の開口部分から漏れることがあるので，開口部からドラフトへ蒸気が流れるように管で連結する．悪臭物質，毒性物質はドラフト内で蒸留しなければならない．蒸留容器は十分冷却してから，装置の後片付けをする．

❏ 溶媒による器具の洗浄

溶媒を利用して器具を洗浄する場合，洗浄したあとの溶媒は廃溶媒溜めに入れる．アセトン，エタノール以外の溶媒を用いる場合はフード内で行わなければならない．なお，ベンゼンやクロロホルムは洗浄用溶媒として使用してはならない．

❏ 空気中の溶媒濃度を極力下げる対策

溶媒，溶液が入っているフラスコ，容器は必ず栓をする．開放系で溶媒，溶液を取扱う場合は（簡易）フード内で行う．該当する操作としては反応処理，抽出操作，乾燥剤除去のための沪過，結晶の沪別操作，溶液調製，溶媒，溶液の移し替えなどが考えられる

クロマトグラフィーは（簡易）フード内で行う．HPLCなどフード内で操作が困難な場合には溶媒容器の開口部を排気管に連結する．使用後の吸着剤（アルミナ，シリカゲル）には溶媒が残存しているので，ドラフト内に放置，乾燥後処理する．

使用後の乾燥剤には溶媒が付着しているので，ドラフト内にて放置乾燥後，産業廃棄物として廃棄する．

薬品，溶媒が付着した容器はアセトンですみやかに洗浄する．室内に放置してはならない．

❏ 排水路への溶媒混入防止対策

溶液濃縮装置（水流ポンプ，真空配管を利用する場合）にはドライアイス-アルコール系で冷却したトラップあるいは液体窒素トラップを使用する．冷媒をきらさないように注意する．

低沸点溶媒（エーテル，ジクロロメタン，ペンタンなど）を用いている場合には，予備冷却（通常冷却器）後，二重にトラップを使用する．トラップされた溶媒はそのつど他の容器（廃溶媒溜など）に移し替える．

9・4・3 毒性物質，悪臭物質の遺漏対策
❑ 取扱い上の注意

発生ガスは必ず一度適切な溶液に吸収させる．直接排出してはならない．吸収液は無臭化，無害化してから廃棄する．ガスの種類と対応した吸収用溶液を表9・1に示す．

SO_2，NO_x，メルカプタン，ホスゲン，青酸ガス，水素，塩化水素，イソニトリル，ホスフィンと類似物質は適切なトラップ装置，危険回避装置を付し，濃縮する．

微量遺漏でも悪臭がする化合物（例：チオール類）はドラフト中で注射器を用いて操作する．副産物で生成することもあるのでよく検討して反応処理する．

表9・1 ガスの種類と対応した吸収用溶液

ガス	吸収用溶液
酸性ガス（塩酸ガス，臭化水素）	水－中和
硫化水素	カセイソーダ水溶液．アンチホルミン溶液
アンモニアガス	水
臭素	チオ亜硫酸ナトリウム水溶液
チオール類	アルカリ水溶液，アンチホルミン液処理

❑ 毒性物質，悪臭物質の保管

保管容器破損を想定し，二重容器（外ケース）を使用する．蒸気圧を低下させるため冷蔵庫に保管したり，蒸気を安全に排気できるドラフトやドラフトへ連結したフード内に保管する．容器が破損したときは臭気が廊下へ遺漏しないようにする．他グループへも告知し，場合によっては避難を要請する．回収操作を含め悪臭物はドラフト内で処理する．しかし，流してはならない．

悪臭物取扱いに使用した容器はドラフト内で洗浄し，洗浄液は無臭化，無害化後廃棄する．

多量の悪臭物が残余して，実験室規模での処理が困難または多大の労力を必要とし，また排出する恐れがあると考えられる場合には，業者に依頼するのも解決策である．

付録 A. おもな化合物の性質と法規制

大学の実験室で用いられることが多く,暴露に注意する必要がある化合物について,その性質と各種法規制を以下の表にまとめた.

許容濃度は実験室の容積を計算し,mg/m^3 単位で示された数値を乗ずることで,その実験室における許容量を計算できる.

たとえば一般的な 1 スパンの実験室(77 m^3)でアニリン(許容濃度 3.8 mg/m^3)を計算すると,$3.8 \times 77 = 292.6$ mg となり,実験室内にわずか約 0.28 mL のアニリンが蒸発すると許容濃度を超えることになる.

化合物名	沸点 ℃	融点 ℃	密度 g/mL	許容濃度[†1] ppm	許容濃度[†1] mg/m^3	経皮吸収	発がん分類[†2]	PRTR[†3]	毒物	劇物	消防法分類[†4]
アクリルアミド		83〜86		−	0.1	○	2A	○1		○	
アクリロニトリル	77	−83		2	4.3	○	2A	○1		○	危4-1
アセトアルデヒド	21	−125	0.785	50	90		2B	○1			危4-特
アセトン	56	−94	0.791	200	470						危4-1
アニリン	184	−6	1.022	1	3.8	○		○1			危4-3
2-アミノエタノール	170	10.5	1.011	3	7.5			○1			危4-3
アリルアルコール	96〜98	−129	0.854	1	2.4	○		○1	○		危4-2
イソブチルアルコール	108	−108	0.803	50	150						危4-2
イソブチルメチルケトン(メチルイソブチルケトン)	117	−84	0.801	50	200		2B				危4-1
イソプロピルアルコール	82.4	−89.5	0.785	400	980						危4-ア
イソペンチルアルコール	132	−117	0.809	100	360						危4-2
エチルアミン(70%水溶液)	16	−81	0.810	10	18						危4-特
エチルエーテル	34.6	−116.3	0.710	400	1200						危4-特
エチルベンゼン	136	−95	0.888	50	217		2B	○1			危4-1
エチルメチルケトン(メチルエチルケトン)	80	−87	0.805	200	590					○	危4-1
エチレンイミン	56	−71.5	0.832	0.05	0.09	○	2B				危4-1

†1 産業衛生学会,許容濃度等の勧告(2019)より抜粋,ppm 単位表示における気体容積は,25 ℃,1 気圧におけるものとする.
†2 発がん分類は日本産業衛生学会の分類(2019 年 勧告)による.
†3 化学物質管理促進法(PRTR 制度)による分類.○1 は PRTR 制度第 1 種指定化学物質,○2 は PRTR 制度第 2 種指定化学物質に該当.
†4 消防法危険物区分
  危4-特:危険物第 4 類特殊引火物 危4-1:危険物第 4 類第一石油類
  危4-2:危険物第 4 類第二石油類 危4-3:危険物第 4 類第三石油類
  危4-4:危険物第 4 類第四石油類 危4-ア:危険物第 4 類アルコール類
  危5: 危険物第 5 類

付録A. おもな化合物の性質と法規制

化合物名	沸点 ℃	融点 ℃	密度 g/mL	許容濃度[†1] ppm	許容濃度[†1] mg/m³	経皮吸収	発がん分類[†2]	PRTR[†3]	毒物	劇物	消防法分類[†4]
エチレングリコールモノエチルエーテル	135	−90	0.930	5	18	○		○1			危4-2
エチレングリコールモノエチルエーテルアセタート	145	−65	1.00	5	27	○		○1			危4-2
エチレングリコールモノメチルエーテル	124	−85	0.965	0.1	0.31	○		○1			危4-2
エチレングリコールモノメチルエーテルアセタート	156	−61	0.965	0.1	0.48	○		○1			危4-2
エチレンジアミン	118	9	0.96	10	25	○		○1			危4-2
オクタン	125	−57	0.70	300	1400						危4-1
ギ 酸	100	8.3	1.2	5	9.4					○	危4-2
キシレン（全異性体）	137〜140		0.91	50	217			○1			危4-2
クレゾール（全異性体）	191 (o-)	30 (o-)	1.04 (o-)	5	22	○		○1			危4-3
クロロエタン	12	−142	0.91	100	260			○1			
p-クロロニトロベンゼン (p-ニトロクロロベンゼン)	242	83	1.298	0.1	0.64	○		○1			
クロロピクリン	112	−64	1.797	0.1	0.67						
クロロベンゼン	131	−45	1.107	10	46			○1			危4-2
クロロホルム	61	−63	1.484	3	14.7	○	2B	○1		○	
クロロメチルメチルエーテル	59		1.060				2A				危4-1
五塩化リン		179	1.600	0.1	0.85				○		
酢 酸	118	17	1.049	10	25						危4-2
酢酸エチル	77	−83	0.900	200	720					○	危4-1
酢酸ブチル	124〜127	−76	0.880	100	475						危4-2
酢酸プロピル	101.5	−95	0.89	200	830						危4-1
酢酸ペンチル	149	−71	0.876	50	266.3						危4-2
酢酸メチル	56〜58	−98	0.93	200	610						危4-1
三塩化リン	75	−95	1.574	0.2	1.1				○		
三フッ化ホウ素	−100	−127		0.3	0.83			○1			危4-1
ジエチルアミン	55.5	−50	0.707	10	30						危4-1
四塩化炭素	77	−23	1.589	5	31	○	2B				
1,4-ジオキサン	101.5	12	1.03	1	3.6	○	2B	○1			危4-1
シクロヘキサノール	161	25	0.96	25	102						危4-2
シクロヘキサノン	156	−31	0.95	25	100						危4-2
シクロヘキサン	81	6	0.78	150	520						危4-1
1,1-ジクロロエタン	57	−98	1.168	100	400						危4-1

付録 A. おもな化合物の性質と法規制

化合物名	沸点 ℃	融点 ℃	密度 g/mL	許容濃度[†1] ppm	許容濃度[†1] mg/m³	経皮吸収	発がん分類[†2]	PRTR[†3]	毒物	劇物	消防法分類[†4]
1,2-ジクロロエタン	83〜84	−40	1.445	10	40		2B	○1			危4-1
2,2′-ジクロロエチルエーテル	179	−44	1.220	15	88	○					危4-3
1,2-ジクロロエチレン	48	−50	1.265	150	590			○1			危4-1
o-ジクロロベンゼン	180	−17	1.31	25	150			○1			危4-3
p-ジクロロベンゼン	174	54	1.29	10	60		2B	○1			
ジクロロメタン	40	−97	1.33	50	170	○	2A	○1			
1,2-ジニトロベンゼン	319	118	1.565	0.15	1	○					危5
1,3-ジニトロベンゼン	297	90	1.575	0.15	1	○		○2			危5
1,4-ジニトロベンゼン	299	172	1.625	0.15	1	○					危5
N,N-ジメチルアセトアミド	165	−20	0.94	10	36	○	2B				危4-2
N,N-ジメチルアニリン	193	2	0.96	5	25	○					危4-3
N,N-ジメチルホルムアミド	153	−61	0.94	10	30	○	2B	○1			危4-2
臭　素	59	−7.3	3.10	0.1	0.65				○		
硝　酸	59.5	−7.2	3.119	2	5.2					○	
水銀蒸気				−	0.025						
水酸化カリウム				−	2					○	
水酸化ナトリウム				−	2					○	
水酸化リチウム				−	1						
スチレン	145	−31	0.91	20	85	○	2B	○1			危4-2
セレンおよびセレン化合物				−	0.1						
テトラエチル鉛	82	−136	1.660	−	0.075	○					
テトラエトキシシラン	165		0.93	10	85						危4-2
1,1,2,2-テトラクロロエタン	147	−42.5	1.58	1	6.9	○	2B	○2			
テトラクロロエチレン	121	−19	1.623	(検討中)			2B	○1			
テトラヒドロフラン	65〜66	−108.5	0.889	50	148		2B				危4-1
テトラメトキシシラン	121	−4	1.032	1	6			○2			危4-2
テレピン油			0.858	50	280						危4-2
1,1,1-トリクロロエタン	74.1	−32.5	1.338	200	1100			○1			
1,1,2-トリクロロエタン	113	−35	1.442	10	55	○		○1			
トリクロロエチレン	86.7	−84.3	1.465	25	135		1	○1			
トリニトロトルエン（全異性体）	290〜310 (2,4,6-)	80.1	1.654	−	0.1	○					

付録 A. おもな化合物の性質と法規制

化合物名	沸点 ℃	融点 ℃	密度 g/mL	許容濃度[†1] ppm	許容濃度[†1] mg/m^3	経皮吸収	発がん分類[†2]	PRTR[†3]	毒物	劇物	消防法分類[†4]
1,2,3-トリメチルベンゼン	175	−25	0.884	25	120						危4-3
1,2,4-トリメチルベンゼン	168	−44	0.876	25	120						危4-2
1,3,5-トリメチルベンゼン	163	−45	0.864	25	120			○1			危4-2
o-トルイジン	200	−24	1.008	1	4.4	○	1	○1		○	危4-3
トルエン	110.6	−95	0.866	50	188	○		○1		○	危4-1
鉛および鉛化合物（アルキル鉛化合物を除く）				−	0.03		2B				
ニッケル				−	1			○1			
p-ニトロアニリン	332	147	1.424	−	3	○		○1			
ニトログリセリン	160 (15 mmHg)	13.5	1.592	0.05	0.46	○					
ニトロベンゼン	210	6	1.205	1	5	○	2B	○1	○		
二硫化炭素	46	−112	1.261	1	3.13	○		○1			危4-特
ノナン	151	−53	0.718	200	1050						危4-2
ヒドラジン一水和物	118.5 (740 mmHg)	<−40		0.1	0.13	○	2B				危4-3
p-フェニレンジアミン	267	145	−		0.1			○1		○	
フェノール	182	40	1.071	5	19	○		○1		○	
1-ブタノール	117.7	−90	0.810	50	150	○					危4-2
2-ブタノール	98	−115	0.808	100	300						危4-2
フタル酸ジエチル	298	−3	1.118	−	5						危4-3
フタル酸ジ-2-エチルヘキシル	237 (5 mmHg)	−65	0.917	−	5		2B	○1			危4-4
フタル酸ジブチル	340	−40	1.043	−	5			○1			危4-3
ブチルアミン	78	−50	0.74	5	15	○					危4-1
t-ブチルアルコール	83	25	0.785	50	150						危4-1
n-ブチルメチルケトン（メチル-n-ブチルケトン）	127	−57	0.812	5	20	○					危4-2
フルフラール	162	−39	1.160	2.5	9.8	○					危4-2
フルフリルアルコール	170〜171	−29	1.135	5	20		2B				危4-3
ブロモホルム	150	8.3	2.89	1	10.3			○1			
ヘキサン	68	−95	0.660	40	140	○					危4-1
ヘプタン	98	−91	0.680	200	820						危4-1
ベンゼン	80	5	0.88	1	32	○	1	○1			危4-1
ペンタクロロフェノール	310	188	1.978	−	0.5	○		○1		○	
ペンタン	36	−130	0.626	300	880						危4-特

付録 A. おもな化合物の性質と法規制

化合物名	沸点 ℃	融点 ℃	密度 g/mL	許容濃度[†1] ppm	許容濃度[†1] mg/m³	経皮吸収	発がん分類[†2]	PRTR[†3]	毒物	劇物	消防法分類[†4]
ポリ塩素化ビフェニル類（ポリ塩化ビフェニル類）				−	0.01	○	1				
無水酢酸	138	−73	1.082	5	21						危4-2
無水フタル酸	284	131	1.527	0.33	2			○1			
メタノール	64.7	−98	0.791	200	260					○	危4-ア
メチルシクロヘキサノール	168 (1-)	25 (1-)		50	230						危4-2
メチルシクロヘキサノン	171 (4-)	−41	0.917	50	230	○					危4-2
メチルシクロヘキサン	101	−126	0.770	400	1600						危4-1
4,4′-メチレンジアニリン		89		−	0.4	○	2B	○1			
ヨウ素	184	113	4.930	0.1	1					○	
硫酸			1.840	−	1					○	
硫酸ジメチル	188	−32	1.333	0.1	0.52	○	2A			○	
リン酸		41		−	1						

常温常圧で気体である化合物で，特に取扱いに注意すべきものについて以下の表にまとめた．

化合物名	沸点 ℃	融点 ℃	密度 g/mL	許容濃度[†1] ppm	許容濃度[†1] mg/m³	経皮吸収	発がん分類[†2]	PRTR[†3]	毒物	劇物	消防法分類[†4]
アンモニア	−33	−78		25	17					○	
エチレンオキシド	10.7	−111	0.882	1	1.8		1				
塩化ビニル	−14	−160	0.921	2.5	6.5		1				
シアン化水素	25	−13		5	5.5	○					
ジボラン	−92.5	−166.5		0.01	0.012						
ジメチルアミン	7	−96	0.680	2	3.7					○	危4-1
ニッケルカルボニル	43	−19.3	1.318	0.001	0.007						
ブタン（全異性体）	−0.5	−138		500	1200						
フッ化水素				3	2.5			○1	○		
ホスゲン	8	−128		0.1	0.4						
ホスフィン	−87.5	−133		0.3	0.42						
ホルムアルデヒド	−19	−92	−	0.1	0.12		2A	○1		○	
メチルアミン	−6.5	−93.5		5	6.5					○	危4-1
硫化水素	−60	−85		5	7						

†1〜†4 は p.123 に同じ．

付録 B. 発がん物質の例[†1]

第 1 群[†2]

エリオナイト	ニッケル化合物（金属ニッケルを除く）
エチレンオキシド（酸化エチレン）	ビス（クロロメチル）エーテル
塩化ビニル	ヒ素およびヒ素化合物
カドミウムおよびカドミウム化合物	4-ビフェニルアミン（4-アミノビフェニル，4-アミノジフェニル）
クロム化合物（6価）	
けつ岩油	1,3-ブタジエン
鉱物油（未精製および半精製品）	ベリリウムおよびベリリウム化合物
コールタール	ベンジジン
コールタールピッチ	ベンゼン
すす	ベンゾトリクロリド
石綿	木材粉じん
タルク（石綿繊維含有製品）	硫化ジクロロジエチル（マスタードガス，イペリット）
トリクロロエチレン	
o-トルイジン	ベンゾ[a]ピレン
2-ナフチルアミン	ポリ塩素化ビフェニル類（PCB）

第 2 群 A[†2]

アクリルアミド	臭化ビニル
アクリロニトリル	スチレンオキシド
エピクロロヒドリン	二酸化ケイ素（結晶性）
塩化ジメチルカルバモイル	ヒドラジン
塩化ベンザル	フッ化ビニル
塩化ベンジル	1,3-プロパンスルトン
クレオソート油	ホルムアルデヒド
p-クロロ-o-トルイジンおよびその強酸塩	硫酸ジエチル
クロロメチルメチルエーテル	硫酸ジメチル
3,3′-ジクロロ-4,4′-ジアミノジフェニルメタン	リン酸トリス(2,3-ジブロモプロピル)
ジクロロメタン	

第 2 群 B[†2]

アクリル酸エチル	イソプレン
アセトアミド	ウレタン
アセトアルデヒド	HG ブルー No.1
o-アニシジン	エチレンチオウレア
アミトロール	塩素化パラフィン類
o-アミノアゾトルエン	オイルオレンジ SS
p-アミノアゾベンゼン	オーラミン

[†1] 日本産業衛生学会の発がん分類による．
[†2] 第1群は発がん性のある物質．第2群はおそらく発がん性があると考えられる物質．
第2群Aはより証拠が十分な化合物群．第2群Bは証拠が比較的不十分な化合物群．

付録B. 発がん物質

第2群B（つづき）

- カーボンブラック抽出物
- グリシドアルデヒド
- p-クレシジン
- クロレンド酸
- p-クロロアニリン
- ジグリシジルレゾルシノールエーテル
- ジスパースブルー 1
- シトラスレッド No.2
- 2,4-（または 2,6-）ジニトロトルエン
- 1,2-ジブロモ-3-クロロプロパン
- N,N-ジメチルアニリン
- 2,6-ジメチルアニリン
- p-ジメチルアミノアゾベンゼン
- 1,1-ジメチルヒドラジン
- 1,2-ジメチルヒドラジン
- 3,3′-ジメトキシベンジジン
- 人造鉱物繊維（吸入性）
- スチレン
- 4,4′-チオジアニリン
- チオ尿素
- DDT
- テトラクロロエチレン
- テトラニトロメタン
- トリパンブルー
- 4-クロロ-o-フェニレンジアミン
- クロロフェノキシ酢酸除草剤
- クロロホルム
- コバルトおよびコバルト化合物
- 酢酸ビニル
- 三酸化アンチモン
- CI アシッドレッド 114
- CI アシッドブルー 15
- CI ベイシックレッド 9
- 四塩化炭素
- N,N'-ジアセチルベンジジン
- 2,4-ジアミノアニソール
- 4,4′-ジアミノジフェニルエーテル
- 2,4-ジアミノトルエン
- 1,2-ジエチルヒドラジン
- ジエポキシブタン
- 1,4-ジオキサン
- 1,2-ジクロロエタン
- 3,3′-ジクロロ-4,4′-ジアミノジフェニルエーテル
- 1,3-ジクロロプロペン
- 3,3′-ジクロロベンジジン
- p-ジクロロベンゼン
- ヘキサクロロシクロヘキサン類
- ベンジルバイオレット 4B
- (2-ホルミルヒドラジノ)-4-(5-ニトロ-2-フリル)チアゾール
- ポリ臭化ビフェニル類
- ポンソー 3R
- ポンソーMX
- マゼンダ（CI ベイシックレッド 9 含有品）
- メタンスルホン酸エチル
- トルエンジイソシアネート類
- ナイトロジェンマスタード-N-オキシド
- 鉛および鉛化合物（無機）
- ニッケル（金属）
- ニトリロトリ酢酸とその塩
- 5-ニトロアセナフテン
- 2-ニトロアニソール
- N-ニトロソモルホリン
- 2-ニトロプロパン
- ニトロベンゼン
- ビチューメン（ビツメン）
- 4-ビニルシクロヘキセン
- 4-ビニルシクロヘキセンジエポキシド
- フェニルグリシジルエーテル
- フタル酸ジ-2-エチルヘキシル
- β-ブチロラクトン
- ブロモジクロロメタン
- β-プロピオラクトン
- プロピレンオキシド
- メタンスルホン酸エチル
- メチル水銀化合物
- 2-メチル-1-ニトロアントラキノン
- N-メチル-N-ニトロソウレタン
- 4,4′-メチレンジアニリン
- 4,4′-メチレンビス(2-メチルアニリン)
- 硫酸ジイソプロピル

付録 C. 消防法に基づく危険物[†1]

類別	性質[†2] および品名	指定数量[†3]	物 品 例
1 類	酸化性物質		
	第 1 種酸化性固体[†4]	50 kg	
	第 2 種酸化性固体[†4]	300 kg	
	第 3 種酸化性固体[†4]	1000 kg	
	❶ 塩素酸塩類		塩素酸カリウム　$KClO_3$
			塩素酸ナトリウム　$NaClO_3$
			塩素酸アンモニウム　NH_4ClO_3
			塩素酸バリウム　$Ba(ClO_3)_2$
			塩素酸カルシウム　$Ca(ClO_3)_2$
	❷ 過塩素酸塩類		過塩素酸カリウム　$KClO_4$
			過塩素酸ナトリウム　$NaClO_4$
			過塩素酸アンモニウム　NH_4ClO_4
	❸ 無機過酸化物		過酸化カリウム　K_2O_2
			過酸化ナトリウム　Na_2O_2
			過酸化カルシウム　CaO_2
			過酸化マグネシウム　MgO_2
			過酸化バリウム　BaO_2
			過酸化リチウム　Li_2O_2
	❹ 亜塩素酸塩類		亜塩素酸カリウム　$KClO_2$
			亜塩素酸ナトリウム　$NaClO_2$
			亜塩素酸銅　$Cu(ClO_2)_2$
	❺ 臭素酸塩類		臭素酸カリウム　$KBrO_3$
			臭素酸ナトリウム　$NaBrO_3$
			臭素酸マグネシウム　$Mg(BrO_3)_2$
	❻ 硝酸塩類		硝酸カリウム　KNO_3
			硝酸ナトリウム　$NaNO_3$
			硝酸アンモニウム　NH_4NO_3
			硝酸バリウム　$Ba(NO_3)_2$
			硝酸銀　$AgNO_3$
	❼ ヨウ素酸塩類		ヨウ素酸カリウム　KIO_3
			ヨウ素酸ナトリウム　$NaIO_3$
			ヨウ素酸カルシウム　$Ca(IO_3)_2$

[†1] 消防法，危険物の規制に関する政令より抜粋．
[†2] 消防法の分類によるもの（太字で示す）．気体，液体，固体の区別は，1 気圧において，温度 20 ℃で気体状であるものを気体，温度 20 ℃で液状であるものまたは温度 20 ℃を超え 40 ℃以下の間において液状となるものを液体，それ以外を固体とする．
[†3] 指定数量以上の危険物は，危険物貯蔵所，危険物製造所，危険物取扱所以外では貯蔵・取扱いできない．また，指定数量の 0.2 以上，指定数量未満を貯蔵・取扱おうとする場合は，あらかじめ消防（署）長に届け出なければならない．
[†4] 第 1 種酸化性固体，第 2 種酸化性固体，第 3 種酸化性固体の区別は，危険物の規制に関する政令（以下政令という）で決められた燃焼試験もしくは鉄管試験，落球式打撃感度試験によって決められている．それぞれの物質がどのような性質（分類）をもつかは，化合物の検索ページや試薬カタログで調べることができ，また試薬瓶のラベルに表記してある（以下の危険物 2～6 類についても同様）．

付録 C. 消防法に基づく危険物

類別	性質[2] および品名	指定数量[3]	物品例
1 類 (つづき)	⑧ 過マンガン酸塩類		過マンガン酸カリウム　$KMnO_4$ 過マンガン酸アンモニウム　NH_4MnO_4
	⑨ 二クロム酸塩類		二クロム酸カリウム　$K_2Cr_2O_7$ 二クロム酸アンモニウム　$(NH_4)_2Cr_2O_7$
	⑩ その他のもので政令で定めるもの		
	① 過ヨウ素酸塩類		過ヨウ素酸ナトリウム　Na_5IO_6
	② 過ヨウ素酸		メタ過ヨウ素酸　HIO_4
	③ クロム，鉛またはヨウ素の酸化物		三酸化クロム　CrO_3 二酸化鉛　PbO_2 五酸化二ヨウ素　I_2O_5
	④ 亜硝酸塩類		亜硝酸カリウム　KNO_2 亜硝酸アンモニウム　NH_4NO_2 亜硝酸ナトリウム　$NaNO_2$
	⑤ 次亜塩素酸塩類		次亜塩素酸カルシウム　$Ca(ClO)_2$
	⑥ 塩素化イソシアヌル酸		三塩化イソシアヌル酸　$C_3N_3Cl_3$
	⑦ ペルオキソ二硫酸塩類		ペルオキソ二硫酸カリウム　$K_2S_2O_8$ ペルオキソ二硫酸ナトリウム　$Na_2S_2O_8$
	⑧ ペルオキソホウ酸塩類		ペルオキソホウ酸カリウム　KBO_3 ペルオキソホウ酸アンモニウム　NH_4BO_3
	⑪ 前各号に掲げるもののいずれかを含有するもの		
2 類	可燃性固体		
	❶ 硫化リン	100 kg	三硫化リン　P_4S_3 五硫化リン　P_4S_{10} 七硫化リン　P_4S_7
	❷ 赤リン	100 kg	赤リン　P
	❸ 硫黄	100 kg	硫黄　S_8
	第 1 種可燃性固体[5]	100 kg	
	❹ 鉄粉	500 kg	鉄粉　Fe
	第 2 種可燃性固体[5]	500 kg	
	❺ 金属粉		アルミニウム粉　Al 亜鉛粉　Zn
	❻ マグネシウム		マグネシウム　Mg
	❼ その他のもので政令で定めるもの		
	❽ 前各号に掲げるもののいずれかを含有するもの		
	❾ 引火性固体[6]	1000 kg	固形アルコール ゴムのり

[5] 第 1 種可燃性固体，第 2 種可燃性固体の区別は，政令で決められた小ガス炎着火試験によって決められている．
[6] 引火性固体とは，1 気圧において引火点が 40 ℃ 未満のものをいう．

類別	性質[2] および品名	指定数量[3]	物品例
3類	自然発火性物質および禁水性物質[7]		
	❶ カリウム	10 kg	カリウム　K
	❷ ナトリウム	10 kg	ナトリウム　Na
	❸ アルキルアルミニウム	10 kg	トリエチルアルミニウム　$Al(C_2H_5)_3$ 塩化ジエチルアルミニウム　$(C_2H_5)_2AlCl$ 二塩化エチルアルミニウム　$C_2H_5AlCl_2$
	❹ アルキルリチウム	10 kg	ノルマルブチルリチウム　$Li(n\text{-}C_4H_9)$
	第1種自然発火性物質および禁水性物質[7]	10 kg	
	❺ 黄リン	20 kg	黄リン　P_4
	第2種自然発火性物質および禁水性物質[7]	50 kg	
	第3種自然発火性物質および禁水性物質[7]	300 kg	
	❻ アルカリ金属(カリウムおよびナトリウムを除く)およびアルカリ土類金属		リチウム　Li カルシウム　Ca バリウム　Ba
	❼ 有機金属化合物(アルキルアルミニウムおよびアルキルリチウムを除く)		ジエチル亜鉛　$Zn(C_2H_5)_2$
	❽ 金属の水素化物		水素化ナトリウム　NaH 水素化リチウム　LiH
	❾ 金属のリン化物		リン化カルシウム　Ca_3P_2
	❿ カルシウムまたはアルミニウムの炭化物		炭化カルシウム　CaC_2 炭化アルミニウム　Al_4C_3
	⓫ その他のもので政令で定めるもの ① 塩素化ケイ素化合物		トリクロロシラン　$SiHCl_3$
	⓬ 前各号に掲げるもののいずれかを含有するもの		
4類	引火性液体		
	❶ 特殊引火物[8]	50 L	ジエチルエーテル 二硫化炭素　CS_2 アセトアルデヒド 酸化プロピレン

[7] 自然発火性物質および禁水性物質とは，固体または液体であって，その第1種，第2種，第3種の区別は，空気中での発火の危険性を判断するために政令で定めた試験，または水と接触して発火もしくは可燃性ガスを発生する危険性を判断するために政令で定めた試験によって決められている．

[8] 特殊引火物とは，1気圧において，発火点が100℃以下のものまたは引火点が−20℃以下で沸点が40℃以上のもの．

付録 C. 消防法に基づく危険物

類別	性質[2] および品名	指定数量[3]	物品例
4 類 (つづき)	❷ 第一石油類[9] <非水溶性液体>	200 L	ガソリン ギ酸エチル シクロヘキサン 酢酸エチル ベンゼン
	<水溶性液体[10]>	400 L	アセトン アセトニトリル t-ブチルアルコール ピリジン ジエチルアミン
	❸ アルコール類[11]	400 L	メチルアルコール（メタノール） エチルアルコール（エタノール） イソプロピルアルコール
	❹ 第二石油類[12] <非水溶性液体>	1000 L	軽　油 灯　油 キシレン 酢酸アミル スチレン 無水酢酸
	<水溶性液体>	2000 L	アクリル酸 アリルアルコール 酢　酸
	❺ 第三石油類[13] <非水溶性液体>	2000 L	クレオソート油 重　油 アニリン ニトロベンゼン
	<水溶性液体>	4000 L	エチレングリコール グリセリン メタクリル酸 酪　酸
	❻ 第四石油類[14]	6000 L	ギヤー油 シリンダー油 潤滑油

[9] 第一石油類とは，1気圧において，引火点が21℃未満のもの．
[10] 水溶性液体とは，1気圧において，温度20℃で同容量の純水と緩やかにかき混ぜた場合に，流動がおさまったあとも当該混合液が均一な観観を維持するものをいう．それ以外のものを非水溶性液体という．
[11] アルコール類とは，分子を構成する炭素の原子数が1個から3個までの飽和一価アルコール（変性アルコールを含む）．
[12] 第二石油類とは，1気圧において，引火点が21℃以上70℃未満のもの．
[13] 第三石油類とは，1気圧において，引火点が70℃以上200℃未満のもの．
[14] 第四石油類とは，1気圧において，引火点が200℃以上250℃未満のもの．

類別	性質[2] および品名	指定数量[3]	物 品 例
4類 (つづき)	❼ 動植物油類[15]	10000 L	やし油 オリーブ油
5類	自己反応性物質[16] 第1種自己反応性物質	10 kg	
	第2種自己反応性物質	100 kg	
	❶ 有機過酸化物[17]		過酸化ベンゾイル
	❷ 硝酸エステル類		ニトロセルロース
	❸ ニトロ化合物		ピクリン酸 トリニトロトルエン
	❹ ニトロソ化合物		ジニトロソペンタメチレンテトラミン
	❺ アゾ化合物		アゾビスイソブチロニトリル
	❻ ジアゾ化合物		ジアゾジニトロフェノール
	❼ ヒドラジンの誘導体		硫化ヒドラジン
	❽ ヒドロキシルアミン		ヒドロキシルアミン
	❾ ヒドロキシルアミン塩類		塩酸ヒドロキシルアミン 硫酸ヒドロキシルアミン リン酸ヒドロキシルアミン
	❿ その他のもので政令で定めるもの ① 金属アジ化物 ② 硝酸グアニジン		アジ化ナトリウム NaN_3 硝酸グアニジン
	⓫ 前各号に掲げるもののいずれかを含有するもの		
6類	酸化性液体[18]	300 kg	
	❶ 過塩素酸		過塩素酸 $HClO_4$
	❷ 過酸化水素		過酸化水素 H_2O_2
	❸ 硝 酸		硝 酸 HNO_3
	❹ その他のもので政令で定めるもの ① ハロゲン間化合物		三フッ化臭素 BrF_3 五フッ化臭素 BrF_5 五フッ化ヨウ素 IF_5
	❺ 前各号に掲げるもののいずれかを含有するもの		

[15] 動植物油類とは,動物の脂肉などまたは植物の種子もしくは果肉から抽出したものであって,1気圧において引火点が250℃未満のもの.

[16] 自己反応性物質とは,固体または液体であって,その第1種,第2種の区別は,爆発の危険性を判断するために政令で定めた試験,または加熱分解の激しさを判断するために政令で定めた試験によって決められている.

[17] 有機過酸化物を含有するもののうち不活性の固体を含有するものは,政令により危険物から除外されているものもある.

[18] 酸化性液体とは,液体であって,酸化力の存在的な危険性を判断するために政令で定めた試験によって決められている.

付録 D. 放射線量と障害

　放射線の人体への影響は，おもに広島，長崎での原子爆弾による被爆者のデータがもとになっている．人体への障害は現れる時期により三つに分けられている．

　　❶ 急性障害　　❷ 晩発効果　　❸ 遺伝的影響

被ばくした線量と急性障害との関係を下の表に示す

被ばく線量と障害

被ばく線量〔Gy〕	障害および時期	障害の原因
1000 以上	分子死（瞬間的）	分子の分解
100 以上	脳死（瞬間的）	脳浮腫
10 から 100	腸死（7 から 21 日）	腸の上皮細胞の脱落による出血
5 から 10	骨髄死（およそ 3 週間）	骨髄抑制

　一般に 1 から 5 Gy の放射線被ばくを受けても直ちに死には至らないが，骨髄障害がその線量に比例して発生する．また経時的につぎのような症状がみられる．

❶ 被ばく後 1, 2 日：吐き気，脱力感
❷ 2, 3 日から 1 週間：無症状
❸ 3 週間以降：骨髄障害
❹ 障害発生以後：骨髄機能の回復

　また，放射線が最も恐れられている理由の一つに晩発障害がある．急性障害は被ばく後直ちに現れるが，それらの症状が消えたのち，被ばく後長時間たって忘れたころにがん，奇形，白内障，染色体異常などの晩発障害が起こる．

〔放射性物質・放射線発生装置についての参考文献〕

・G. Friedlander, J. W. Kennedy, "核化学と放射化学"，丸善（1962）．
・辻本 忠，草間朋子，"放射線防護の基礎"，第 3 版，日刊工業新聞社（2001）．
・"核・放射線（第 4 版 実験化学講座 14）"，日本化学会編，丸善（1992）．
・古川路明，"放射化学（現代化学講座 15）"，朝倉書店（1994）．
・"放射線（実験物理学講座 26）"，山崎文男編，共立出版（1973）．
・"改訂 3 版 アイソトープ便覧"，日本アイソトープ協会編，丸善（1984）．

事項索引

あ～う

ICSC 情報　8
悪臭物質　34, 121
悪臭防止法　85
亜硝酸塩類　131
RI 廃棄物　95
アルカリ類廃液　90
泡消火器　97
安全缶　29
安全靴　109
安全栓　103
安全対策　2～5
安全ついたて　109
安全標識板　109
安全弁　83
イオン交換クロマトグラフィー
　　　78
ECD（電子捕獲検出器）　77
移送　118
移送用容器　118
一次情報　7
一般重金属系廃液　90
遺伝的影響　36
引火性液体　20, 28～31
引火点　28
ウォーターバス　68

え，お

液化ガス　45～47
液体
　——の乾燥　65
液体クロマトグラフィー　77

液体窒素トラップ　53, 120
液体窒素のくみ出し　54
X 線顕微鏡　79
X 線構造解析装置　79
X 線発生装置　36, 79
X 線分光分析装置　79
X 線レーザー　79
HPLC　120
NMR　81
FID（フレームイオン化検出器）
　　　77
MSDS　8
LD_{50}　14
遠心管　76
遠心分離　72, 76
遠沈管　76
オイルバス　68
応急処置　98～103
汚染　39
汚染検査　38
オゾン層破壊物質　34, 35
オートクレーブ　82～84

か

加圧液化ガス　45
回収道具キット　119
懐中電灯　109
回転ポンプ　63
外部被ばく　41
解離エネルギー　25
化学反応
　——による乾燥　64
　——による脱水　65
化学物質安全データシート　8
化学文献の検索　7
拡散反射光　80
拡散ポンプ　63

核磁気共鳴　81
化合物の性質　123
火災　99
火事　59
ガス圧　84
ガスクロマトグラフィー　77
ガス中毒　49～51
ガスもれ検知剤　84
活性炭吸着型ドラフト　106
活性炭吸着法　91
カットバン　103
加熱　67, 68
可燃性液体 → 引火性液体
可燃性ガス　20
可燃性固体　20, 28
ガラス
　——器具　59～61
　——細工　59, 61, 62
　——のひずみ　59
がん　35
簡易ドラフト　107
換気　15
環境汚染物質　32～35
環境汚染物質排出移動登録　8
寒剤　52～55
　——容器の構造　55
乾燥　64～67
乾燥剤　64
感電　57, 58
γ 線レーザー　79
管理区域内　36
還流　68, 69

き

機械的アンカー　113
器具類
　——の乾燥　67
危険物　8, 20～31

事項索引

気体
　　――の乾燥　67
吸引沪過　74
救急箱　103
吸湿速度　64
吸収パッド　119
吸水量　64
吸入 LD$_{50}$　13
救命救急マニュアル本　103
強磁場　81, 82
極性溶媒　89
許容濃度　17, 49, 50
緊急事態対応策　104
緊急対処法　96～100
緊急用シャワー　99, 107
緊急連絡先　104
禁水性物質　20, 22, 23, 132

く～こ

クエンチ　82
クエンチ現象　47
グレイ　41
クロマトグラフィー　77, 120

経口 LD$_{50}$　13
警告ラベル　80
経皮 LD$_{50}$　13
劇　物　8, 13～19
下水道法　85
解　毒　101～103
Chemical Abstracts（CA）　7
ケミカルアンカー　114
減圧蒸留　70, 71
減圧調整器　42, 44
減圧濃縮　71, 72
健康カード　103

高圧ガス　42～52, 83
高圧実験室　83
高圧反応容器　83
小型スコップ　119
国際化学物質安全性カード　8
固体
　　――の乾燥　66
固体廃棄物　87, 88
コンクリート用プラグ　113
混合危険　26, 27
コンテナー　112

さ

災害事故の比率　2
サイクロトロン　78
作業用手袋　119
サーベイメーター　37
三角巾　103
酸化性物質　20, 27
酸化分解法　91
三次情報　7
酸素欠乏　47, 52
残留放射能　78
酸類廃液　90

し

シアン系廃液　90～93
止血帯　103
止血法　99
事故例　8, 9
地震対策　110
自然発火性物質　20, 21, 132
自然沪過　73
シックハウス　101
実験着　11
実験操作　56～84
実験装置　56～84
実験廃棄物　87
しびれ　101
シーベルト　35, 41
試薬の分類　29
ジャッキ　111
しゃへい　37
重金属系廃液　90, 93, 94
重金属系有機廃液　94
収集貯留区分　90
集約処理　90
常圧蒸留　69, 70
常圧濃縮　70
消火器　96～98
　　――の種類　97
消毒液（傷の）　103
消毒用エタノール　103
消費電力　7
常用液化ガス　46
蒸　留　69～71, 120

視力障害　79
シリンダーキャビネット　115
真空機器　62～64
真空デシケーター　66
真空ポンプ用オイル　31
真空ライン　62～64
シンクロトロン　78

す～そ

水銀系廃液　90～92
水酸化物共沈法　90
水質汚濁物質　33, 34
水質汚濁防止法　85
水　浴 → ウォーターバス
スクラバー型ドラフト　106
スクラバー洗浄液　10
ストラップアース線　109

静電安全靴　109
静電気　57
静電気防止用品　109
静電防止マット　109
静電マット　109
接　地　57, 58
説明ラベル　80
洗眼装置　107
線膨張率　59
洗面器　103

そえ木　103
ソーダガラス　59

た 行

耐食性　61
脱脂綿　103
脱　水　64～67
ターボ分子ポンプ　64
担　架　109
短期暴露限界濃度　49, 50
炭酸ガス消火器　97

窒素トラップ　62, 63
中毒センター　104
中和薬品　101～103
超伝導磁石　82
　　――のクエンチ　55

事項索引

貯蔵庫　39

定格電流容量　56
定期点検　118
TCD（熱伝導検出器）　77
停　電　58, 63
デシケーター　66
デュワー瓶　53
電気火花　57
電子捕獲検出器（ECD）　77
天井値　49, 50

ドアストッパー　112
凍　傷　47, 52
特殊引火物　29, 132
特殊材料ガス　47, 48
毒性物質　121
特定悪臭物質　34
特定高圧ガス　48
特定毒物　13
毒　物　8, 13～19
ドライアイス　52, 120
ドライヤー　68
ドラフト　120
ドラフトフード　106

な　行

内部被ばく　41
軟化点　59

二次情報　7

ヌッチェ　75

熱時沪過　74
熱伝導検出器（TCD）　77

濃　縮　69～72

は～へ

排気管　107
廃棄物庫　95
廃棄物処理　85～95
排出基準　89
廃掃法　85

パイレックス　59
爆　轟　51
爆轟濃度限界　51
爆　発　49～52
爆発下限界　52
爆発限界　51, 52
爆発上限界　52
爆発性混合物　26
爆発性の薬品　57
爆発性物質　20, 23～26
爆発範囲　52
発火点　28
発がん性　32
発がん性物質　32, 33
発がん物質　128
　　──分類　32
パッキング　84
ハロゲン含有溶媒　89
バンデグラフ加速器　78

PRTR法　8
非極性溶媒　89
非常灯　109
ひだ折り沪紙　74
ヒートガン　68
被毒経路　14
ヒートブロック　68
避難路　104, 105
皮膚炎　101
非密封 RI　38, 39
漂白剤　100

ファースト・エイド　98～101
フィルムバッチ　38
風　乾　66
フェライト法　90
沸騰石　70, 71
物理吸着による乾燥　64, 65
ブフナー漏斗　75
フレームイオン化検出器
　　　　　　　　　　（FID）　77
分別収集区分　86
粉末消火器　97

ベクレル　41
ペースメーカー　81

ほ

崩壊数　41

ホウケイ酸ガラス　59
防護器具　15
防災実験室　83
防災用具　109
放射性同位元素　35
　　──を含む廃棄物　95
放射性物質　35～41
放射線　35
　　──による身体への悪影響
　　　　　　　　　　　　35
放射線業務従事者　36
放射線障害予防規則　36
放射線発生装置　78, 79
放射線被ばく　36
放射線量　41
放射能　35, 41
包　帯　103
放　電　57
防毒マスク　15, 109
防　爆　77
防爆冷蔵庫　77
保温漏斗　74
ポケット線量計　38
保護衣　109
保護手袋　12, 15, 109
保護眼鏡　11, 15, 38, 109
　　ゴーグル型──　15, 99
防護用具　109
ポリタンク反応　85, 87
ボンベ　42
　　──の刻印　43
　　──の固定　115

ま　行

巻き込み　63
間仕切り箱　112
マントルヒーター　74

密封 RI　37
密封線源　77
密封線源取扱い　39

無機廃固体　88
無機廃水溶液　89～94

滅菌ガーゼ　103
メッセージスタンド　109

事項索引

毛布　103
模擬消火器　97
モレキュラーシーブ　65

や　行

薬品管理　116～121
　　──システム　117
薬品庫　118
薬品中毒　100
やけど　35, 99

有機金属化合物　132
有機水銀系廃液　91
有機廃液　88, 89
有機廃固体　87
有機溶媒の許容濃度　15, 16
優先取組物質　34
有毒物質の作用　14

溶媒抽出　119
四つ折り沪紙　73

ら　行

落雷　58

硫化物共沈法　90
粒子加速器　36

冷却液化ガス　46
冷蔵庫　76, 118
冷凍庫　118
レギュレーター　42, 44
レーザー光発生装置　79～81

沪過　72～75
沪紙　73
ロータリーエバポレーター　71, 72
六価クロム系廃液　90, 93

物質名索引*

A

AgNO$_3$　130
Al　131
Al$_4$C$_3$　132
Al(C$_2$H$_5$)$_3$　132
AlC$_2$H$_5$Cl$_2$ → C$_2$H$_5$AlCl$_2$
Ar　46
AsH$_3$　48

B

Ba　132
Ba(ClO$_3$)$_2$　130
Ba(NO$_3$)$_2$　130
BaO$_2$　130
BF$_3$　48, 102
B$_2$H$_6$　48
Br$_2$　50
BrF$_3$　134
BrF$_5$　134

C

Ca　132
CaC$_2$　132
Ca(ClO)$_2$　131
Ca(ClO$_3$)$_2$　130
Ca(IO$_3$)$_2$　130
CaO　102
CaO$_2$　130
Ca$_3$P$_2$　132

CaSO$_4$　65
CCl$_4$　35, 50
CF$_3$Br　35
C$_2$F$_4$Br$_2$　35
CF$_3$CHCl$_2$　35
CF$_3$CHFCl　35
CFCl$_3$　35
CF$_2$Cl$_2$　35
CF$_3$Cl　35
C$_2$F$_2$Cl$_4$　35
C$_2$F$_3$Cl$_3$　35
C$_2$F$_4$Cl$_2$　35
C$_2$F$_5$Cl　35
CF$_2$ClBr　35
CFCl$_2$CH$_3$　35
CF$_2$ClCH$_3$　35
C$_2$H$_5$AlCl$_2$　132
(C$_2$H$_5$)$_2$AlCl　132
CH$_3$Br　35
CHFCl$_2$　35
CHF$_2$Cl　35
C$_2$H$_2$F$_3$Cl　35
C$_3$H$_2$F$_5$Cl　35
CH$_3$HgCl　101
Cl$_2$　46, 50, 101
C$_3$N$_3$Cl$_3$　131
CO　50, 51, 102
CO$_2$　46, 50
COCl　46
COCl$_2$　50, 102
CrO$_3$　131
CS$_2$　16, 50, 51, 132
Cu(ClO$_2$)$_2$　130

F～H

Fe　131

GeH$_4$　48

H$_2$　51
HCl　19, 50, 101
HClO$_4$　19, 134
HCN　46, 50, 51, 101
He　46
HF　19, 50
HgCl　101
HgCl$_2$　101
HgClCH$_3$ → CH$_3$HgCl
HIO$_4$　131
HNO$_3$　19, 50, 134
H$_2$O$_2$　134
H$_3$PO$_4$　16
H$_2$S　50, 51, 101
H$_2$Se　48, 50
H$_2$SO$_4$　19
H$_2$Te　48

I, K

I$_2$　50
IF$_5$　134
I$_2$O$_5$　131

K　132
KBO$_3$　131
KBrO$_3$　130
KClO$_2$　130
KClO$_3$　130
KClO$_4$　130
K$_2$Cr$_2$O$_7$　131
KIO$_3$　130
KMnO$_4$　131
KNO$_2$　131
KNO$_3$　130

---

*　元素および無機化合物の化学式をABC順に配列，その後物質名を五十音順に配列した．

物質名索引

K_2O_2　130
KOH　19
$K_2S_2O_8$　131

L, M

Li　132
Li(n-C_4H_9)　132
LiH　132
Li_2O_2　130

Mg　131
Mg(BrO_3)$_2$　130
MgO_2　130
$MgSO_4$　65

N

N_2　46
Na　132
$NaBrO_3$　130
$NaClO_2$　130
$NaClO_3$　130
$NaClO_4$　130
NaH　132
$NaIO_3$　130
Na_5IO_6　131
NaN_3　134
$NaNO_2$　131
$NaNO_3$　130
Na_2O_2　130
NaOH　19, 102
Na_2SO_4　65
$Na_2S_2O_8$　131
NF_3　48
NH_3　46, 51, 102
N_2H_4　51
NH_4BO_3　131
NH_4ClO_3　130
NH_4ClO_4　130
$(NH_4)_2Cr_2O_7$　131
NH_4MnO_4　131
NH_4NO_2　131
NH_4NO_3　130
NH_4OH　19
N_2O　46
NO_x　121

O, P

O_2　46
O_3　50

P　131
P_4　102, 132
PbO_2　131
PCl_3　50
PH_3　48
P_4S_3　131
P_4S_7　131
P_4S_{10}　131

S

S_8　131
SbH_3　48
SF_4　48
SiH_4　48, 50
Si_2H_6　48
$SiHCl_3$　132
SO_2　50, 121
SO_3　46

Z

Zn　131
Zn(C_2H_5)$_2$　132

あ

亜塩素酸塩類　130
亜塩素酸カリウム　130
亜塩素酸銅　130
亜塩素酸ナトリウム　130
亜鉛粉　131
悪臭物質　34, 121
アクリルアミド　123, 128
アクリル酸　133
アクリル酸エチル　128
アクリロニトリル　34, 50, 51, 123, 128
アクロレイン　50
亜酸化窒素　46
アジ化ナトリウム　134
アジ化物　24
亜硝酸アミル　101
亜硝酸アンモニウム　131
亜硝酸塩類　131
亜硝酸カリウム　131
亜硝酸ナトリウム　131
アセチレン　25, 45, 51
アセチレン誘導体　24
アセトアミド　128
アセトアルデヒド　16, 31, 34, 51, 123, 128, 132
アセトニトリル　51, 102, 133
アセトン　16, 31, 51, 102, 120, 123, 133
アゾ化合物　134
アゾビスイソブチロニトリル　134
o-アニシジン　128
アニリン　31, 51, 123, 133
あまに油　31
アミトロール　128
o-アミノアゾトルエン　128
p-アミノアゾベンゼン　128
2-アミノエタノール　123
4-アミノジフェニル　128
4-アミノビフェニル　128
アミン塩素酸塩　24
アミン過塩素酸塩　24
亜硫酸　46
亜硫酸水素ナトリウム水溶液　10
アリルアルコール　123, 133
RI廃棄物　95
アルカリ　19, 100
アルカリ金属　132
アルカリ類廃液　90
アルキルアルミニウム　21, 132
アルキルリチウム　21, 132
アルコール類　29
アルゴン　46
アルシン　48
アルミニウム粉　131
アンチホルミン溶液　121
アンモニア　10, 34, 46, 51, 102, 127
アンモニアガス　121
アンモニア水　19

物質名索引

い, う

硫黄　131
石綿　128
イソアミルアルコール　50
イソ吉草酸　34
イソニトリル　121
イソバレルアルデヒド　34
イソブチルアルコール（イソブタノール）　34, 50, 123
イソブチルアルデヒド　34
イソブチルメチルケトン　123
イソプレン　128
イソプロピルアルコール　16, 50, 123, 133
イソペンチルアルコール　123
一酸化炭素　50, 51, 102
一般重金属系廃液　90
引火性液体　20, 28〜31

ウレタン　128

え

液体空気　53
液体ヘリウム　55
エタノール　31, 51, 120, 133
エタン　51
エチルアセタート　50
エチルアミン　123
エチルアルコール → エタノール
エチルエーテル　16, 50, 123
エチルベンゼン　50, 123
エチルメチルケトン　50, 123
エチレン　51
エチレンイミン　123
エチレンオキシド　24, 127, 128
エチレングリコール　31, 133
エチレングリコールモノエチルエーテル　124
エチレングリコールモノエチルエーテルアセタート（アセテート）　124
エチレングリコールモノメチルエーテル　124

エチレングリコールモノメチルエーテルアセタート（アセテート）　124
エチレンジアミン　50, 124
エチレンチオウレア　128
HGブルーNo.1　128
エーテル　120
エピクロロヒドリン　128
エリオナイト　128
塩化エチレン　50
塩化カルシウム　65
塩化カルボニル　50
塩化ジエチルアルミニウム　132
塩化ジメチルカルバモイル　128
塩化水銀（I）　101
塩化水銀（II）　101
塩化水素　50, 121
塩化ビニル　50, 51, 127, 128
塩化ビニルモノマー　34
塩化ベンザル　128
塩化ベンジル　128
塩化メチル　50
塩化メチル水銀（II）　101
塩基　19
塩基性ガス　106
塩酸　10, 19, 101
塩酸ヒドロキシルアミン　134
塩素　10, 46, 50, 101
塩素化イソシアヌル酸　131
塩素化ケイ素化合物　21
塩素化パラフィン類　128
塩素酸アンモニウム　130
塩素酸エステル　24
塩素酸塩類　130
塩素酸カリウム　130
塩素酸カルシウム　130
塩素酸ナトリウム　130
塩素酸バリウム　130

お

オイルオレンジSS　128
黄リン　21, 102, 132
オキシドール　103
オクタン　124
オゾニド　24
オゾン　50

オゾン層破壊物質　34, 35
オーラミン　128
オリーブ油　134

か

加圧液化ガス　45
過塩素酸　19, 134
過塩素酸アンモニウム　130
過塩素酸エステル　24
過塩素酸塩類　130
過塩素酸カリウム　130
過塩素酸ナトリウム　130
化合物の性質　123
過酸化カリウム　130
過酸化カルシウム　130
過酸化水素　134
過酸化ナトリウム　130
過酸化バリウム　130
過酸化ベンゾイル　134
過酸化マグネシウム　130
過酸化リチウム　130
ガソリン　100, 133
カドミウム　128
カドミウム化合物　128
可燃性液体 → 引火性液体
可燃性ガス　20
可燃性固体　20, 28
カーボンブラック抽出物　128
過マンガン酸アンモニウム　131
過マンガン酸塩類　131
過マンガン酸カリウム　131
過ヨウ素酸　131
過ヨウ素酸塩類　131
過ヨウ素酸ナトリウム　131
カリウム　22, 132
カルシウム　132
環境汚染物質　32〜35

き

危険物　8〜21
ギ酸　50, 124
ギ酸エチル　133
キシレン　31, 34, 50, 51, 102, 124, 133
n-吉草酸　34

く，け

ギヤー油　133
極性溶媒　89
希硫酸　106
禁水性物質　20, 22, 23, 132
金属アジ化物　134
金属アジド　24
金属アミド　24
金属イミド　24
金属水素化物　23, 132
金属炭化物　23
金属ナトリウム　65
金属粉　131
金属リン化物　23, 132

く，け

グリシドアルデヒド　128
グリセリン　133
クレオソート油　31, 128, 133
p-クレジジン　128
クレゾール　50, 102, 124
クロム　93
クロム化合物（6価）　128
クロレンド酸　128
p-クロロアニリン　128
クロロエタン　46, 124
p-クロロ-o-トルイジン　128
p-クロロニトロベンゼン　124
クロロピクリン　124
4-クロロ-o-フェニレン
　　　　　　ジアミン　129
クロロフェノキシ酢酸除草剤
　　　　　　129
クロロフェノール類　129
クロロベンゼン　50, 124
クロロホルム　16, 34, 50, 120,
　　　　　　124, 129
クロロメタン　46
クロロメチルメチルエーテル
　　　　　　34, 124, 128

軽油　133
劇物　8, 13～19
けつ岩油　128

こ

鉱物油　128
五塩化リン　124
五酸化二ヨウ素　131
固体廃棄物　87, 88
コバルト　129
コバルト化合物　129
五フッ化臭素　134
五フッ化ヨウ素　134
五硫化リン　131
コールタール　128
コールタールピッチ　128

さ

酢酸　16, 50, 124, 133
酢酸アミル　133
酢酸エチル　16, 31, 34, 50, 124,
　　　　　　133
酢酸ビニル　129
酢酸ブチル　124
酢酸プロピル　124
酢酸ペンチル　124
酢酸メチル　124
酸　18, 19
三塩化イソシアヌル酸　131
三塩化リン　50, 124
酸化エチレン　25, 34, 50, 51,
　　　　　　128
酸化カルシウム　102
酸性物質　20, 27
酸化プロピレン　31, 132
三酸化アンチモン　129
三酸化クロム　131
酸性ガス　106
酸素　46, 53
酸素ガス　100
三フッ化臭素　134
三フッ化窒素　48
三フッ化ホウ素　48, 102, 124
三硫化リン　131
酸類廃液　90

し

CIアシッドブルー15　129
CIアシッドレッド114　129
CIベイシックレッド9　129
次亜塩素酸カルシウム　131
次亜塩素酸塩類　131
次亜塩素酸ナトリウム水溶液
　　　　　　10, 106
N,N'-ジアセチルベンジジン
　　　　　　129
ジアゾ化合物　134
ジアゾジニトロフェノール
　　　　　　134
ジアゾニウム塩　24
2,4-ジアミノアニソール　129
4,4'-ジアミノジフェニル
　　　　　　エーテル　129
2,4-ジアミノトルエン　129
シアン化水素　46, 50, 51, 101,
　　　　　　127
シアン系ガス　106
シアン系廃液　90～93
ジエチル亜鉛　132
ジエチルアミン　50, 124, 133
ジエチルエーテル　31, 51, 132
1,2-ジエチルヒドラジン　129
ジエポキシブタン　129
四塩化炭素　129
1,4-ジオキサン　16, 124, 129
ジグリシジルレゾルシノール
　　　　　　エーテル　129
シクロヘキサノール　50, 124
シクロヘキサノン　124
シクロヘキサン　16, 50, 51,
　　　　　　124, 133
1,1-ジクロロエタン　124
1,2-ジクロロエタン　34, 125,
　　　　　　129
2,2'-ジクロロエチルエーテル
　　　　　　125
1,2-ジクロロエチレン　125
3,3'-ジクロロ-4,4'-ジアミノ
　　　　　　ジフェニルエーテル　129
3,3'-ジクロロ-4,4'-ジアミノ
　　　　　　ジフェニルメタン　128
1,3-ジクロロプロペン　129
3,3'-ジクロロベンジジン　129
o-ジクロロベンゼン　125
p-ジクロロベンゼン　125, 129
ジクロロメタン　10, 34, 120,
　　　　　　125, 129
ジシラン　48
ジスパースブルー　129
自然発火性物質　20, 21, 132
実験廃棄物　87
シトラスレッド　129

物質名索引

ジニトロソペンタメチレン
　　　　　　テトラミン　134
2,4-(または2,6-)ジニトロ
　　　　　　トルエン　129
1,2-ジニトロベンゼン　125
1,3-ジニトロベンゼン　125
1,4-ジニトロベンゼン　125
1,2-ジブロモ-3-クロロ
　　　　　　プロパン　129
ジボラン　48, 127
N,N-ジメチルアセトアミド
　　　　　　16, 125
N,N-ジメチルアニリン　125, 129
2,6-ジメチルアニリン　129
p-ジメチルアミノアゾ
　　　　　　ベンゼン　129
4-ジメチルアミノフェノール
　　　　　　102
ジメチルアミン　127
1,1-ジメチルヒドラジン　129
1,2-ジメチルヒドラジン　129
N,N-ジメチルホルムアミド
　　　　　　16, 125
ジメチルホルムアミド　31
3,3′-ジメトキシベンジジン
　　　　　　129
臭化ビニル　128
重金属アセチリド　24
重金属系廃液　90, 93, 94
重金属系有機廃液　94
シュウ酸塩　102
臭　素　10, 50, 121, 125
臭素酸塩類　130
臭素酸カリウム　130
臭素酸ナトリウム　130
臭素酸マグネシウム　130
重　油　133
潤滑油　133
硝　酸　10, 19, 50, 125, 134
硝酸アンモニウム　130
硝酸エステル　24
硝酸エステル類　134
硝酸塩類　130
硝酸カリウム　130
硝酸銀　130
硝酸グアニジン　134
硝酸ナトリウム　130
硝酸バリウム　130
シラン　50
シリンダー油　133

真空ポンプ用オイル　31
人造鉱物繊維　129

す〜そ

水　銀　34
水銀化合物　34
水銀系化合物　101
水銀系廃液　90〜92
水銀蒸気　125
水素化アルミニウムリチウム
　　　　　　23
水酸化カリウム　19, 125
水素化カルシウム　23
水酸化ナトリウム　19, 23, 102, 125
　──水溶液　106
水酸化リチウム　125
水質汚濁物質　33, 34
水　素　51, 121
水素化アルミニウムリチウム
　　　　　　65
水素化カルシウム　65
水素化ナトリウム　132
水素化リチウム　132
スクラバー洗浄液　10
す　す　128
スチビン　48
スチレン　34, 125, 129, 133
スチレンオキシド　128

せ，そ

青酸ガス　121
赤リン　131
セレン　125
セレン化合物　125
セレン化水素　48, 50
遷移金属シアノ錯体　93
ソーダガラス　59

た

第一石油類　29, 133

ダイオキシン類　34
第三石油類　29, 133
大豆油　31
第二石油類　29, 133
第四石油類　29
タルク　34, 128
炭化アルミニウム　23, 132
炭化カルシウム　23, 132
炭酸水素ナトリウム　102

ち

チオ亜硫酸ナトリウム水溶液
　　　　　　121
4,4′-チオジアニリン　129
チオ尿素　129
チオ硫酸ナトリウム　106
チオール　10
チオール類　121
窒　素　46, 52
中和薬品　101〜103

て

THF　31
DDT　129
n-デカン　51
鉄　粉　131
テトラエチル鉛　125
テトラエトキシシラン　125
1,1,2,2-テトラクロロエタン
　　　　　　125
テトラクロロエチレン　34, 125, 129
2,3,7,8-テトラクロロジベンゾ-
　　　p-ジオキシレン　129
テトラニトロメタン　129
テトラヒドロフラン　16, 23, 50, 125
テトラメトキシシラン　125
テルル化水素　48
テレビン油　125

と

動植物油脂　29

物 質 名 索 引

動植物油類　134
灯　油　31, 100, 133
特殊引火物　29, 132
特殊材料ガス　47, 48
毒性物質　121
特定悪臭物質　34
特定高圧ガス　48
特定毒物　13
毒　物　8, 13〜19
ドライアイス　52, 120
トリエチルアルミニウム　132
1,1,1-トリクロロエタン　50, 125
1,1,2-トリクロロエタン　125
トリクロロエチレン　34, 50, 125, 129
トリクロロシラン　21, 132
トリニトロトルエン　125, 134
トリパンブルー　129
トリメチルアミン　34
1,2,3-トリメチルベンゼン　126
1,2,4-トリメチルベンゼン　126
1,3,5-トリメチルベンゼン　126
o-トルイジン　126, 129
トルエン　16, 31, 34, 50, 51, 126
トルエンジイソシアネート（イソシアネート）類　129

な

ナイトロジェンマスタード-N-オキシド　129
ナトリウム　22, 132
ナトリウム・カリウム合金　65
七硫化リン　131
2-ナフチルアミン　128
鉛　126, 129
鉛化合物　126, 129

に

二塩化エチルアルミニウム　132
二酸化鉛　131

二クロム酸アンモニウム　131
二クロム酸塩類　131
二クロム酸カリウム　131
二酸化硫黄　50
二酸化ケイ素　128
二酸化炭素　46, 50
ニッケル　126, 129
ニッケル化合物　34, 128
ニッケルカルボニル　127
ニトラミン　24
ニトリロトリ酢酸　129
5-ニトロアセナフテン　129
2-ニトロアニソール　129
p-ニトロアニリン　126
ニトロ化合物　24, 134
ニトログリセリン　50, 126
ニトロセルロース　134
ニトロソ化合物　24, 134
N-ニトロソモルホリン　129
2-ニトロプロパン　129
ニトロベンゼン　31, 50, 126, 129, 133
二硫化炭素　16, 31, 50, 51, 126, 132
二硫化メチル　34

ね, の

ネオペンタン　51
濃硫酸　67
ノナン　126
ノルマル吉草酸　34
ノルマルバレルアルデヒド　34
ノルマルブチルアルデヒド　34
ノルマルブチルリチウム　132
ノルマル酪酸　34

は

パイレックス　59
爆発性混合物　26
爆発性の薬品　57
爆発性物質　20, 23〜26
発がん性物質　32, 33
発がん物質　128
——分類　32

パーム油　31
バリウム　132
ハロゲン間化合物　134
ハロゲン含有溶媒　68
ハロゲン類　106

ひ, ふ

非極性溶媒　89
ピクリン酸　134
PCB　128
ビス（クロロメチル）エーテル　128
ヒ　素　34, 128
ヒ素化合物　34, 128
ビチューメン　129
ヒドラジン　51, 129, 134
ヒドラジン一水和物　126
ヒドラジン誘導体　24
ヒドロキシルアミン　134
ヒドロキシルアミン塩類　134
ヒドロペルオキシド　24
4-ビニルシクロヘキセン　129
4-ビニルシクロヘキセンジエポキシド　129
4-ビフェニルアミン　128
氷酢酸　31
漂白剤　100
ピリジン　31, 133
フェニルグリシジルエーテル　129
p-フェニレンジアミン　126
フェノール　50, 102, 126
1,3-ブタジエン　34, 128
1-ブタノール　50, 126
2-ブタノール　50, 126
フタル酸ジ-2-エチルヘキシル　126, 129
フタル酸ジエチル　126
フタル酸ジブチル　126
ブタン　46, 127
n-ブタン　51
ブチルアミン　126
t-ブチルアルコール　126, 133
n-ブチルメチルケトン　126
β-ブチロラクトン　129
フッ化水素　50, 127
フッ化水素酸　19

物質名索引

フッ化ビニル 128
フルフラール 126
フルフリルアルコール 126
プロパノール 31
2-プロパノール 50
プロパン 46, 51
1,3-プロパンスルトン 129
β-プロピオラクトン 129
プロピオンアルデヒド 34
プロピオン酸 34
プロピレン 51
プロピレンオキシド 129
ブロモジクロロメタン 129
ブロモホルム 126

へ

ヘキサクロロシクロヘキサン類 129
ヘキサメチレンテトラミン 102
ヘキサン 16, 50, 102, 126
n-ヘキサン 51
ヘプタン 126
n-ヘプタン 51
ヘリウム 46, 52, 55
ベリリウム 34, 128
ベリリウム化合物 34, 128
ペルオキソ二硫酸ナトリウム 131
ペルオキソ二硫酸塩類 131
ペルオキソ二硫酸カリウム 131
ペルオキソホウ酸アンモニウム 131
ペルオキソホウ酸塩類 131
ペルオキソホウ酸カリウム 131
ベンジジン 128
ベンジルバイオレット4B 129
ベンジン 102
ベンゼン 16, 31, 34, 50, 51, 102, 120, 126, 128, 133
ベンゾクロリド 128
ベンゾ[a]ピレン 34, 128
ペンタクロロフェノール 126
ペンタン 31, 120, 126
n-ペンタン 51

ほ

ホウケイ酸ガラス 59
放射性同位元素
　——を含む廃棄物 95
放射性物質 35〜41
ホスゲン 46, 50, 102, 121, 127
ホスフィン 10, 48, 121, 127
ポリ塩素化ビフェニル類 127〜129
(2-ホルミルヒドラジノ)-4・(5-ニトロ-2-フリル)チアゾール 129
ホルムアルデヒド 34, 50, 127, 128
ポンソー3R 129
ポンソーMX 129

ま 行

マグネシウム 131
マゼンダ 129
マンガン 34
マンガン化合物 34
無機過酸化物 130
無機廃固体 88
無機廃水溶液 89〜94
無水酢酸 16, 127, 133
無水フタル酸 127
メタ過ヨウ素酸 131
メタクリル酸 133
メタノール 16, 31, 50, 51, 102, 127, 133
メタン 51
メタンスルホン酸エチル 129
メタンスルホン酸メチル 129
2-メチルアジリジン 129
メチルアミン 127
メチルアルコール → メタノール
メチルイソブチルケトン 34
メチルエチルケトン 16
メチルシクロヘキサノール 127

メチルシクロヘキサノン 127
メチルシクロヘキサン 127
メチル水銀化合物 129
2-メチル-1-ニトロアントラキノン 129
N-メチル-N-ニトロソウレタン 129
メチルメルカプタン 34
4,4′-メチレンジアニリン 127, 129
4,4′-メチレンビス(2-メチルアニリン) 129
メルカプタン 106, 121
木材粉じん 128
モノゲルマン 48
モノシラン 48

や 行

やし油 31, 134

有機過酸化物 24, 134
有機金属化合物 21, 132
有機廃液 88, 89
有機廃固体 87
優先取組物質 34
有毒物質
　——の作用 14

ヨウ素 50, 127
ヨウ素酸塩類 130
ヨウ素酸カリウム 130
ヨウ素酸カルシウム 130
ヨウ素酸ナトリウム 130
四塩化炭素 50, 124
四水素化ケイ素 50
四フッ化硫黄 48

ら 行

雷酸塩 24
酪酸 133
n-酪酸 34
ラネーニッケル 21

リチウム 23, 132

硫化ジクロロジエチル 128
硫化水素 10, 34, 50, 51, 101, 121, 127
硫化ヒドラジン 134
硫化メチル 34
硫化リン 131
硫酸 19, 127
硫酸ジイソプロピル 129
硫酸ジエチル 128
硫酸ジメチル 16, 50, 127, 128
硫酸ナトリウム 65
硫酸ヒドロキシルアミン 134
硫酸マグネシウム 102
流動パラフィン 31, 102
リン化亜鉛 23
リン化アルミニウム 23
リン化カリウム 23
リン化カルシウム 23, 132

リン酸 127
リン酸トリス(2,3-ジブロモプロピル) 128
リン酸ヒドロキシルアミン 134

六価クロム 93
　――化合物 34
　――系廃液 90, 93

| 第1版 第1刷 | 2003年 3月14日 発行 |
| 第10刷 | 2021年 8月11日 発行 |

学生のための 化学実験安全ガイド

Ⓒ 2003

著者代表　　徂徠　道夫
発行者　　　住田　六連
発　行　株式会社 東京化学同人
東京都文京区千石 3-36-7 (〒112-0011)
電話 03(3946)5311・FAX 03(3946)5317
URL: http://www.tkd-pbl.com/

印　刷　株式会社シナノ
製　本　株式会社松岳社

ISBN978-4-8079-0571-3
Printed in Japan
無断転載および複製物（コピー，電子データなど）の配布，配信を禁じます．

基礎化学実験 安全オリエンテーション DVD付

山口和也・山本 仁 著
A5判 96ページ 定価:本体1900円+税

初心者が化学実験を安全に行う上で必要となる基礎知識や注意点をわかりやすくまとめる.

主要目次:実験を始める前に／安全な服装／実験室での行動／実験器具の安全な取扱い／ガラス器具の取扱い／ガラス管の取扱い／温度計の取扱い／ピペットの取扱い／遠心分離機の取扱い／薬品の安全な取扱い／実験が終わったら／緊急用器具

大学人のための安全衛生管理ガイド

鈴木 直・太刀掛俊之・松本紀文
守山敏樹・山本 仁 著
A5判 164ページ 定価:本体1800円+税

大学の安全衛生を考える場合に特に重要となる事項と法律の関係を,簡潔にまとめたガイド.

主要目次:はじめに／一般的な安全衛生管理と緊急時の対応／健康管理／実験室の管理／労働基準監督署への各種届出・報告／安全衛生管理と情報の開示

化学実験を安全に行う

点 検 項 目	チェック	参照先
● 実験の準備		
・（これから行う）実験は初めてですか		§2・1 (p. 7)
・既知反応ですか		§2・1 (p. 7)
● 試薬/生成物の性質を知っていますか		
・毒物・劇物を使いますか†		§3・1 (p. 13)
・危険物を使いますか†		§3・2 (p. 20)
・有機溶媒を使いますか		§3・1 (p. 13) §3・3 (p. 32) §4・4 (p. 64)
・有毒・悪臭ガスが発生しますか		§3・3 (p. 32)
・放射性同位元素(RI)を使いますか		§3・4 (p. 35)
・高圧ガスを使いますか		§3・5 (p. 42)
・冷媒を使いますか		§3・6 (p. 52)
● 実験操作を知っていますか		
・ガラス細工をしますか		§4・2 (p. 59)
・溶媒の脱水を行いますか		§4・4 (p. 64)
・加熱・還流を行いますか		§4・5 (p. 67)
・蒸留を行いますか		§4・5 (p. 67)
・濃縮・沪過を行いますか		§4・5 (p. 67) §4・6 (p. 72)
・乾燥を行いますか		§4・4 (p. 64)
・クロマトグラフィーを行いますか		§4・8 (p. 77)
● 実験装置の使い方を知っていますか		
・電気機器を使いますか		§4・1 (p. 56)
・ガラス器具を使いますか		§4・2 (p. 59)
・真空機器を使いますか		§4・3 (p. 62)
・冷蔵庫を使いますか		§4・7 (p. 76)
・遠心分離器を使いますか		§4・6 (p. 72)
・X線などの放射線発生装置を使いますか		§4・9 (p. 78)
・レーザーを使いますか		§4・10 (p. 79)
・強磁場が必要ですか		§4・11 (p. 81)
・オートクレーブ（高圧釜）を使いますか		§4・12 (p. 82)